Sitzungsberichte
der Akademie der Wissenschaften
der DDR
Mathematik – Naturwissenschaften – Technik

4 N

1989

Ausgewählte Forschungsergebnisse der Werkstoffwissenschaft

– Werner Lange zum 75. Geburtstag –

AKADEMIE-VERLAG BERLIN

Sitzungsberichte
der Akademie der Wissenschaften
der DDR
Mathematik – Naturwissenschaften – Technik

Jahrgang 1989 · Nr. 4/N

Ausgewählte Forschungsergebnisse der Werkstoffwissenschaft

– Werner Lange zum 75. Geburtstag –

AKADEMIE-VERLAG BERLIN
1989

Vorträge des Festkolloquiums der Klasse Werkstoffwissenschaft am 15. September 1988 anläßlich des 75. Geburtstages von Werner Lange, Ordentliches Mitglied der Akademie der Wissenschaften der DDR und Ehrenvorsitzender der Klasse Werkstoffwissenschaft

Herausgegeben im Auftrage
des Präsidenten der Akademie
der Wissenschaften der DDR
von Vizepräsident Prof. Dr. Hans-Heinz Emons

ISBN 3-05-500527-9
ISSN 0138-3965

Erschienen im Akademie-Verlag Berlin, Leipziger Straße 3–4, DDR-1086 Berlin

Lizenznummer: 202 · 100/365/89
Printed in the German Democratic Republic
Gesamtherstellung: VEB Druckhaus Köthen
LSV 3005
Bestellnummer: 7640056 (2010/89/4/N)
00700

Inhalt

Claus Grote

Laudatio

Lieber Werner Lange!

Meine Damen und Herren!

Zum heutigen Festkolloquium anläßlich des 75. Geburtstages unseres Mitgliedes Werner Lange darf ich Sie herzlich begrüßen. Der Klasse Werkstoffwissenschaft ist es ein echtes Anliegen, diese wissenschaftliche Veranstaltung einer Persönlichkeit zu widmen, die auf eine überaus erfolgreiche Tätigkeit in Wissenschaft und Technik zurückblicken kann und dabei einen bleibenden Beitrag zur Entwicklung unserer Akademie geleistet hat.

Als Mitglied der Akademie seit 1961 war Werner Lange zunächst in der damaligen Sektion Hüttenwesen tätig, und bei der Neustrukturierung der wissenschaftlichen Beratungsgremien initiierte er die Bildung der problemgebundenen Klasse „Grundlagen der Werkstoffe und ihre Anwendungen“, aus der dann die Klasse „Werkstoffwissenschaft“ hervorging. Als Vorsitzender dieser Klasse sowie als Mitglied des Präsidiums, nicht zuletzt auch durch Ihre Vorträge und Diskussionsbeiträge in den Plenarsitzungen, haben Sie das wissenschaftliche Leben maßgeblich mitgestaltet, den interdisziplinären Meinungsaustausch gefördert und vielfältige Impulse zur Entwicklung der Wissenschaftsdisziplinen ausgelöst.

Ich bitte Sie um Verständnis dafür, daß ich nicht alle jene Leistungen ausführlich würdigen kann, die in den Laudationes anläßlich Ihres 65. Geburtstages durch Robert Rompe und Ihres 70. Geburtstages durch Ulrich Hofmann hervorgehoben wurden. Erlauben Sie mir aber, daß ich den vielen Beweisen von Sympathie und Anerkennung, die Ihnen anläßlich Ihres 75. Geburtstages am 18. Juli zuteil geworden sind, den Ausdruck meiner persönlichen Hochachtung hinzufüge. Es ist für mich eine große Ehre, daß ich hier im Namen und Auftrag des Präsidenten die wichtigsten Etappen Ihres wissenschaftlichen Werdegangs in der gebotenen Konzentration würdigen darf.

Werner Lange gehört zu den Wissenschaftlern, die sich nach der Zerschlagung des Faschismus ohne Vorbehalte zum Aufbau einer neuen Gesellschaftsordnung bekannten und dabei schnell den Weg zur Arbeiterklasse und ihrer marxistisch-leninistischen Partei fanden. Sein fachliches und politisches Engagement setzte er für die Herausbildung des sozialistischen Hochschulwesens und die Schaffung leistungsfähiger, der Dynamik der Wissenschaftsentwicklung gerecht werdenden Forschungseinrichtungen im ersten deutschen Arbeiter- und Bauernstaat ein.

Im Jahr 1947 zum Ordinarius für Metallhüttenkunde an die Bergakademie Freiberg berufen, wurden ihm schon bald weitere verantwortungsvolle Aufgaben übertragen.

So war er von 1949 bis 1955 Leiter der Hauptverwaltung Wissenschaft und Technik, und im Forschungsrat der Deutschen Demokratischen Republik, dem er seit dessen Gründung angehört, übernahm er die Leitung der Gruppe Metallische Werkstoffe.

Besondere Verdienste erwarb sich Werner Lange durch sein über 20jähriges Wirken als Direktor des Forschungsinstituts für Nichteisenmetalle Freiberg, das sich unter seiner Leitung zu einer leistungsfähigen Forschungseinrichtung der NE-Metallurgie entwickelt hat. Hier förderte er maßgeblich die Aufnahme zukunftsträchtiger Arbeitsrichtungen zur Entwicklung, Herstellung und Verarbeitung von Werkstoffen, ohne die heute eine Anwendung von Schlüsseltechnologien, ich nenne nur die Mikroelektronik, undenkbar wäre.

Sein Engagement für die Schaffung der methodischen Basis einer modernen Werkstoffwissenschaft fand seinen Niederschlag in der Gründung des Instituts für radioaktive Isotope an der damaligen Technischen Hochschule Dresden im Jahre 1956. Hier entstanden Arbeiten zur Diffusion und Selbstdiffusion, die ihm internationale Anerkennung brachten.

In den folgenden Jahren galt sein besonderes Bemühen den Problemen des effektiven Werkstoffeinsatzes und der Materialökonomie. Mit der unter seiner Leitung in den Jahren 1973/74 ausgearbeiteten Prognose Konstruktionswerkstoffe wurden perspektivische Einschätzungen gegeben, welche die weitere Forschungsstrategie, aber auch die Aus- und Weiterbildung auf dem Gebiet des Werkstoffingenieurwesens, im starken Maße befruchtet haben. Mit dieser Prognose wurde wohl erstmalig in einer derart geschlossenen Form die Einheit von Werkstofftechnik, Berechnung und Konstruktion, Fertigung sowie Ökonomie herausgearbeitet.

Für seine erfolgreiche Arbeit als Wissenschaftler und Hochschullehrer wurde ihm 1983 von der Bergakademie Freiberg die Würde eines Dr.-Ing. ehrenhalber verliehen. Seine wissenschaftlichen Leistungen und seine engagierte wissenschaftliche Tätigkeit wurden durch hohe staatliche Auszeichnungen, von denen an dieser Stelle der Nationalpreis und der Vaterländische Verdienstorden in Gold genannt werden sollen, gewürdigt.

Lassen Sie mich jetzt auf die überaus vielseitige fruchtbare Arbeit eingehen, die Werner Lange in seiner sich über ein Vierteljahrhundert erstreckenden Zugehörigkeit zu unserer Akademie geleistet hat.

Mit der Klasse Werkstoffwissenschaft wurde durch ihn ein wissenschaftliches Gremium geformt, das hohe Anerkennung genießt und einen wichtigen Beitrag zur Durchsetzung der Wissenschaftsstrategie unseres Staates leistet. Die Möglichkeit, in einer Klassensitzung über neue Forschungsergebnisse vorzutragen, wird von den Werkstoffwissenschaftlern der Akademie und des Hochschulwesens als besondere Auszeichnung angesehen. Die regen Diskussionen, meist von Werner Lange initiiert — und manchmal auch provoziert —, empfindet jeder Teilnehmer als ein wertvolles Stimulans für die Lösung seiner Aufgaben in Forschung und Lehre. Damit hat die Klasse Werkstoffwissenschaft entscheidenden Anteil an der Herausbildung dieser Wissenschaftsdisziplin im Grenzbereich von Natur- und Technikwissenschaften.

Das überaus breitgefächerte Spektrum der behandelten Problemkreise zeigt das hohe

Maß an Interdisziplinarität, das kennzeichnend für die Arbeit dieser Klasse und damit für das Wirken Werner Langes ist.

Hervorzuheben ist auch sein Bemühen, den Nutzen neuer wissenschaftlicher Erkenntnisse für die Volkswirtschaft der DDR sichtbar zu machen und dabei die Verbindung von technischen und ökonomischen Aspekten herzustellen. Angesichts des überaus raschen internationalen Fortschritts bei der Entwicklung und dem Einsatz neuer Werkstoffe hat sich Werner Lange wiederholt für die Notwendigkeit zur Herausarbeitung der Forschungsstrategie einer „bodenständigen", d.h. von derzeitigen und zukünftigen Erfordernissen unserer Volkswirtschaft bestimmten Werkstoffwissenschaft ausgesprochen und dazu wertvolle Anregungen gegeben.

Als ein Beispiel möchte ich die 1982 vorgelegte Ausarbeitung der Klasse „Zur Entwicklung einer rationellen Roh- und Werkstoffstuktur und des rationellen Werkstoffeinsatzes" hervorheben. Diese Ausarbeitung hat dazu geführt, die Bedeutung der Werkstofforschung für die Schlüssel- und Hochtechnologien richtig zu bewerten und durch Bildung einer komplexen Forschungsaufgabe „Werkstoffe" eine den neuen Anforderungen entsprechende Konzentration und Profilierung der Grundlagenforschung in der Akademie und dem Hochschulwesen durchzusetzen.

Seitdem werden jährlich in einem gemeinsamen Kolloquium der Klasse und der Komplexen Forschungsaufgabe die erreichten Ergebnisse vorgestellt und — zusammen mit der Industrie — neue Zielstellungen formuliert.

Die Beherrschung der zunehmend komplexer werdenden Wechselwirkungen von Forschung, Technik und Produktion sind ein weiteres kennzeichnendes Merkmal der Denk- und Arbeitsweise Werner Langes. Dabei geht er immer von einer „Ganzheits"-Betrachtung unserer „natürlichen" und der „zweiten", d.h. „technischen" Welt, aus. In einem spectrum-Standpunkt hat er dies wie folgt formuliert: „Die Beziehungen und wechselseitigen Bindungen zwischen der natürlichen und der künstlichen Welt konzentrieren sich immer mehr auf zwei Grundfragen: das Rohstoff- und Energieproblem einerseits sowie das Problem der Rückwirkung der produzierenden technischen Welt auf die Natur andererseits ... Unsere Aufgabe ist es, die Lebensfähigkeit aller beteiligten Systeme im Auge zu behalten, zumal die technische Welt eine Dimension erreicht hat, in der ihre Wirkungen nicht mehr lokal begrenzt bleiben."
(spectrum 15 (1984))

In den letzten Jahren galt sein besonderes Interesse auch der Entwicklung der Informatik, und mit der Konzipierung des Programmes der Konferenz „Zur Bedeutung der Information für Individuum und Gesellschaft" hat er die Bildung der Klasse „Informatik, Kybernetik und Automatisierung", an deren Sitzungen er häufig teilnimmt, vorangetrieben. Nebenbei gesagt, ist Werner Lange nicht bei der Theorie der Informatik stehengeblieben, sondern — wie man an seinen Manuskripten unschwer erkennen kann — inzwischen auch mit der Praxis moderner Informationstechnologien hinlänglich vertraut.

Wir alle kennen und schätzen Werner Lange als einen streitbaren Charakter, der keine Tabus kennt und häufig auch durch verblüffende oder gezielt zugespitzte Fragestellungen zum Kernproblem vordringen will. Und was ich für bemerkenswert halte —

sein Staunen über die Fortschritte der Wissenschaft, z. B. beim Vordringen in immer kleinere Bereiche des Mikrokosmos durch die modernen Methoden der Werkstoffdiagnostik — unterdrückt er keineswegs. Damit unterstreicht er die Feststellung des Thomas von Aquin, wonach das Staunen eine Sehnsucht nach Wissen ist.

Aber auch sein Widerspruchsgeist — er äußert sich immer dann, wenn sog. „objektive" Schwierigkeiten eine rasche Durchsetzung neuer wissenschaftlicher Erkenntnisse in die Praxis behindern bzw. Formalismen oder bürokratische Hemmnisse eine effektive wissenschaftlich-technische Arbeit erschweren — ist uns allen wohl vertraut.

Mit seiner kompromißlosen Hinneigung zur Wissenschaft und Technik, dem Blick für die Zusammenhänge in einer immer komplexer werdenden technischen Welt, der großen Zielstrebigkeit und Konsequenz bei der Erfüllung übertragener Aufgaben, vor allem aber auch als bescheidener, den Dingen des Lebens aufgeschlossener und vielseitig interessierter Mensch, hat sich Werner Lange die Hochachtung und Zuneigung aller, die mit ihm zu tun hatten, erworben. Im ganz besonderen Maße gilt dies für diejenigen, die das große Glück hatten, aus der unmittelbaren Zusammenarbeit mit ihm hohen fachlichen und persönlichen Gewinn zu ziehen.

Mit Vollendung seines 75. Lebensjahres äußerte Werner Lange den Wunsch, die Funktion des Klassenvorsitzenden in die Hände derer zu legen, die er in den zurückliegenden Jahren systematisch auf diese Aufgabe vorbereitet hat. Der Präsident hat diesem Wunsch entsprochen. Nunmehr ist unser Mitglied Horst Blumenauer als Klassenvorsitzender tätig und unser Korrespondierendes Mitglied Wolfgang Pompe wird als Stellvertreter wirken. Wir waren uns aber auch darüber einig, daß Werner Lange als Ehrenvorsitzender der Klasse Werkstoffwissenschaft weiterhin aktiv am wissenschaftlichen Leben unserer Akademie teilnehmen wird, und wir wünschen uns, daß dies noch lange so bleiben möge. Sie — lieber Werner Lange — haben einmal gesagt, daß die Tätigkeit in unserer Akademie die Möglichkeit bietet, Arbeit und Vergnügen wirkungsvoll miteinander zu verbinden.

Das heute Ihnen zu Ehren veranstaltete Kolloquium soll Ihnen Vergnügen bereiten, ich bin überzeugt, daß auch den weiteren Vortragenden die Vorbereitung nicht nur selbstverständliche Pflicht war, sondern ihnen aus herzlicher Dankbarkeit geborene Freude gemacht hat.

Ich wünsche dem Festkolloquium einen guten Verlauf.

Siegfried Ziegenbalg

Über ausgewählte Ausgangsmaterialien für Sonderwerkstoffe

1. Einleitung

Auf dem Festkolloquium der Klasse Werkstoffwissenschaft der Akademie der Wissenschaften der DDR aus Anlaß des 75. Geburtstages von OM Werner Lange vorzutragen, ist für mich eine Aufgabe, der ich besonders gern nachkomme. Verbinden mich doch mit dem Jubilar fast 25 Jahre unmittelbarer Zusammenarbeit im Forschungsinstitut für NE-Metalle (FNE) und danach die fachlichen Kontakte im Rahmen unserer Akademie sowie nicht zuletzt — ich glaube, das sagen zu dürfen — eine langjährige persönliche Freundschaft. Ich bin ihm für die stets verständnisvolle und diskussionsbereite, aber auch streitbare Zusammenarbeit und für diese Freundschaft sehr dankbar und möchte diesen Dank an den Anfang meines Beitrages stellen.

Ziel meines Vortrages ist es, aus der Sicht der Rohstoffnutzung, der Erzeugung von Metallen und Metallverbindungen Aufgaben und wissenschaftlich-technische Probleme darzustellen, die sich im Vorfeld der Entwicklung von Sonderwerkstoffen bei der Bereitstellung von Ausgangsmaterialien für deren Herstellung ergeben. Dabei wird, dem Anliegen unseres Festkolloquiums entsprechend, auf konkrete Aufgaben der Forschung im FNE eingegangen, deren Ursprung noch auf die Tätigkeit des Jubilars als Direktor dieses Institutes zurückgeht. Zunächst sei ein kurzer Rückblick gestattet:

Im FNE wurden bereits in den sechziger Jahren umfangreiche Untersuchungen zur Herstellung von Ausgangsmaterialien und Sonderwerkstoffen für die Halbleitertechnik, wie Germanium, AIIIBV-Verbindungen, Reinstmetallen und Kontaktierungswerkstoffen, durchgeführt sowie eine größere Zahl Verfahren hierfür entwickelt. Das Institut war damals für die Koordinierung der Forschung und Entwicklung auf diesem Gebiet in der DDR verantwortlich und hat maßgeblichen Anteil am Aufbau und der wissenschaftlich-technischen Fundierung des VEB Spurenmetalle Freiberg, der als Wissenschaftlicher Industriebetrieb derartige Materialien für die Halbleitertechnik bzw. Mikroelektronik produziert. Somit hat das FNE unter Leitung von OM Werner Lange bereits frühzeitig auf die Entwicklung von Sonderwerkstoffen und von dazu erforderlichen Ausgangsmaterialien, insbesondere von Halbleiterwerkstoffen und Reinstmetallen Einfluß genommen.

Nachfolgend wird über Untersuchungen und deren bisherige Ergebnisse berichtet, die Ausgangsmaterialien für oxidkeramische Sonderwerkstoffe zum Ziel haben, nämlich Sonder- oder Spezialtonerden und Pentoxide des Niobiums und Tantals. Die Entwicklung und der Einsatz von keramischen Sonderwerkstoffen als Konstruktions-

oder Funktionswerkstoffe für die Bereiche des Maschinen- und Apparatebaues, der Elektrotechnik, Elektronik oder Mikroelektronik, der Kerntechnik, der Humanmedizin und für andere Gebiete haben in letzter Zeit stark an Bedeutung gewonnen. In der Klasse Werkstoffwissenschaft der AdW der DDR ist hierauf in verschiedenen Vorträgen schon eingegangen worden. Auf Wiederholungen wird deshalb verzichtet. Vielfach werden hierfür Ausgangsmaterialien benötigt, an die hinsichtlich mineralogischer Beschaffenheit, chemischer Reinheit, physikalisch-chemischer Struktur und Eigenschaften besondere, zum Teil extreme Anforderungen gestellt werden. Die wissenschaftlich-technischen Grundlagen und vor allem auch die technologische und apparatetechnische Verfahrensgestaltung zur Herstellung dieser Ausgangsmaterialien müssen ebenso erarbeitet werden, wie die Entwicklung und Einsatzerprobung der Sonderwerkstoffe selbst. Es ist oft möglich, im Labor — d.h. im Kleinstmaßstab — einen Werkstoff mit besonderen technisch interessanten Eigenschaften aus den erforderlichen Ausgangsstoffen herzustellen und daraus günstige Chancen für seinen Einsatz abzuleiten. Die technische Realisierung unter Beachtung von rohstoffseitigen, technologischen und ökonomischen Problemen bereitet häufig größere Schwierigkeiten. Daraus resultiert oft die nicht unerhebliche Differenz zwischen wissenschaftlichem Erkenntnisstand und praktischer Nutzung. Das FNE hat als Institut der Industrie die Aufgabe, Verfahren zu entwickeln, die Sonderwerkstoffe bzw. deren Ausgangsmaterialien technisch unter ökonomischen, d.h. volkswirtschaftlich vertretbaren Bedingungen herzustellen gestatten.

2. Sondertonerden für die Oxidkeramik

Trotz der großen Erweiterung des Sortiments an keramischen Sonderwerkstoffen auf Basis SiC, Si_3N_4 usw. kommt den oxidkeramischen Werkstoffen auf Al_2O_3-Basis auch in Zukunft besondere Bedeutung zu, und der Bedarf an Ausgangsmaterialien, d.h. Sondertonerden mit unterschiedlichen Qualitätsparametern, bleibt vergleichsweise am höchsten. Das ergibt sich u.a. auch aus der Tatsache, daß Erzeugnisse, wie Elektroporzellan für Hochspannungsisolatoren, Zündkerzen für Kraftfahrzeuge usw. aus Ausgangsstoffen mit hohem Aluminiumoxid-Gehalt bei Einsatz von qualitativ hochwertigem Al_2O_3 hergestellt werden müssen und außerdem der Bedarf an Sondertonerden für sinterkeramische Einsatzprodukte oder Erzeugnisse der Mikroelektronik, Beleuchtungstechnik, Humanmedizin, Schneid- und Verschleißtechnik sowie für den Maschinen- und Gerätebau ansteigt.

Dabei werden im folgenden unter Sondertonerde nur die Aluminiumoxidqualitäten verstanden, die im engeren Sinne für die Sinterkeramik bzw. Hochtemperatur-Oxidkeramik benötigt werden. Aluminiumoxidsorten, wie sie mit unterschiedlichen Eigenschaften für Zwecke der Katalysatorherstellung als Trägersubstanzen, für die Feuerfestindustrie oder zur Herstellung von Schmelzkorund sowie als Poliermittel benötigt werden, sollen hier ausgeklammert sein. Die Anforderungen an die chemische Reinheit sind in diesen Fällen im allgemeinen geringer, wesentlich sind definierte physikalische bzw. strukturelle Eigenschaften entsprechend den Erfordernissen des jeweiligen Anwendungsgebietes.

Das benötigte Sortiment an Sondertonerden für die Oxidkeramik läßt sich bezüglich seiner chemischen und physikalischen Parameter in 3 Hauptgruppen einteilen (Tab. 1). Aus der Tabelle gehen auch die Haupteinsatzgebiete der verschiedenen hinsichtlich chemischer Reinheit und physikalischer Eigenschaften z.T. auch innerhalb

Tabelle 1 Einsatzgebiete und Kennwerte von Sondertonerden

Sondertonerden:	Gruppe I	Gruppe II	Gruppe III
Hauptanwendung	Isolierkörper Hochspannungsporzellan	Substrate für Mikroelektronik Verschleiß- u. Konstruktionskeramik	Transparentkeramik
	zulässige Verunreinigungen [Masse-%]		
Na_2O	0,15 ... 0,30	0,01 ... 0,10	≤ 0,020
CaO	≤ 0,05	0,02 ... 0,05	≤ 0,002
SiO_2	≤ 0,03	0,02 ... 0,05	≤ 0,010
Fe_2O_3	≤ 0,03	0,01 ... 0,05	≤ 0,010
Phasenbestand	>98 % α-Al_2O_3	>98% α-Al_2O_3	70...80% α-Al_2O_3
Reindichte	3,95...3,96 g/cm^3	3,92...3,95 g/cm^3	3,80 g/cm^3
Schüttdichte	0,95...1,00 g/cm^3	0,77...0,95 g/cm^3	ca. 0,40 g/cm^3
spez. Oberfl. n. BET	0,3...1,5 m^2/g	0,6...10,0 m^2/g	ca. 15,0 m^2/g
Primärkristallkorngröße (d_{50})	3...7 µm	0,8...3,0 µm	1,6 µm

einer Gruppe unterschiedlichen Sorten hervor. Wichtige Parameter sind – abgesehen von der chemischen Reinheit – der Anteil an α-Al_2O_3 und damit die Reindichte, die Größe der Primärkristalle im Calcinat, die Korngrößenverteilung, die spezifische Oberfläche, die Schüttdichte des Calcinates und auch die Kornform bzw. der Habitus der Kristalle. Diese physikalischen Größen sind für die Sintereigenschaften und damit für Qualität und Maßhaltigkeit des Endproduktes von Bedeutung. Sie stehen naturgemäß in engem Zusammenhang miteinander. Spezifische Oberfläche und Schüttdichte werden sehr durch eine Mahlung des Calcinates beeinflußt. Dabei wird das Calcinat vom anfänglich vorliegenden Agglomerat (Agglomerat-Korngröße z.B. im VEB Aluminiumwerk Lauta für Normaltonerde der Schmelzflußelektrolyse z.Z. $d_{50} \cong 30-40$ µm bei einer Primärkorngröße der einzelnen Al_2O_3-Kristalle des Agglomerates von 2–4 µm – Werte stark abhängig von Mineralisatorzusätzen –) in einen den Forderungen des Anwenders entsprechenden Aufmahlungsgrad überführt. Im allgemeinen kann man davon ausgehen, daß bei normaler Mahlbeanspruchung z. B. in Strahlmühlen eine Zerkleinerung maximal bis zur Primärkorngröße eintritt.

Zur Zeit wird der Bedarf an Sondertonerden in der DDR durch Import vorzugsweise aus dem NSW gedeckt. Die Untersuchungen im FNE führten zu Technologien der Herstellung unterschiedlicher Sondertonerde-Qualitäten entsprechend den derzeitigen Anwenderforderungen. Dabei wurde der internationale Entwicklungsstand berücksichtigt. Allerdings ist festzustellen, daß zwar relativ viele Ergebnisse von Grundlagenuntersuchungen in Verbindung mit speziellen sinterchemischen bzw. keramischen Fragestellungen publiziert werden, daß über die technisch angewendeten Verfahren vor allem im Hinblick auf die Herstellung von Sondertonerden mit hoher Reinheit und speziellen physikalischen Eigenschaften wenig mitgeteilt wird.

Bei der Hauptmenge der benötigten Sondertonerden (Gruppe I und Gruppe II in Tabelle 1) geht man von Natriumaluminatlauge des Bayer-Prozesses der Bauxitverarbeitung aus. Abbildung 1 zeigt das vereinfachte Verfahrensschema. Die chemische Zusammensetzung dieser Lauge hängt vom verarbeiteten Bauxit, aber vor allem auch von den Prozeßparametern des hydrothermalalkalischen Druckaufschlusses, der Laugenreinigung und der Abtrennung des Rückstandes (Rotschlamm) ab. Verunreinigungen, wie zum Beispiel feindisperse Feststoffe, gelöste Eisen-, Vanadium-, Titanium- oder Kieselsäureanteile müssen im Hinblick auf die Reinheit von $Al(OH)_3$ oder Al_2O_3

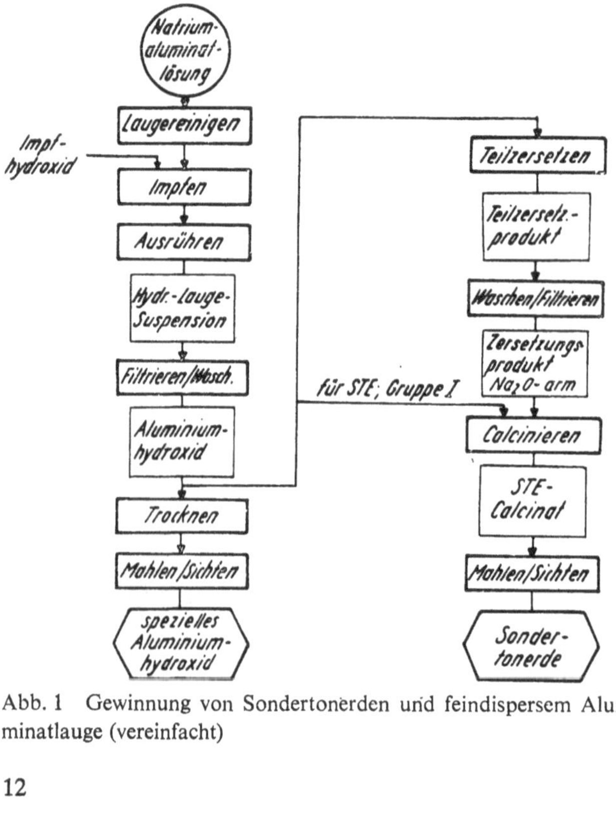

Abb. 1 Gewinnung von Sondertonerden und feindispersem Aluminiumhydroxid aus Aluminatlauge (vereinfacht)

besonders beachtet werden. Störend wirken vor allem bei der hydrolytischen Abscheidung des Aluminiumhydroxides durch sog. „Ausrühren" organische Bestandteile der Aluminatlauge, wie Humine und deren Abbauprodukte sowie Gehalte an Soda und Natriumoxalat, die sich beim Druckaufschluß des Rohstoffes durch Umsetzung von Calciumcarbonat und von organischen Substanzen bilden. Dabei wirken sich diese Komponenten vor allem auf das Ausbringen an Aluminiumhydroxid beim Ausrührprozeß, auf dessen Primär- sowie Agglomerat-Korngrößenverteilung und auf seine technologischen Eigenschaften, wie Filtrierbarkeit und Auswaschverhalten aus. Im Rahmen dieses kurzen Beitrages kann nur auf wenige wichtige Zusammenhänge zwischen Verfahrenstechnologie und Sondertonerde-Qualität eingegangen werden.

Die notwendige chemische Reinheit wird für Sondertonerden der Gruppe I und II in der Stufe der Laugenreinigung im allgemeinen durch Umsetzung von Verunreinigungen mit suspendiertem Kalk, $Ca(OH)_2$, zu schwerlöslichen Verbindungen wie Calciumaluminiumhydroxosilikat, Calciumtitanat usw. sowie durch intensive Druckfiltration mit Filterhilfsmittel bzw. Anschwemmschicht zur Abtrennung sowohl des Kalkfällschlammes als auch feinstdisperser Feststoffbestandteile der Lauge erreicht. Verschiedene Verfahrensweisen sind in Abhängigkeit von erforderlicher Reinheit der jeweiligen Sorte und Verunreinigungsgehalt der Natriumaluminatlauge möglich. Da diese jedoch als Teilstrom aus dem Kreislauf einer Bayer-Anlage für Normaltonerde zur Aluminiumgewinnung abgezweigt wird, ist ein stabiler Betrieb der Hauptanlage wichtige Voraussetzung für eine Sondertonerdeproduktion.

Aus der gereinigten Natriumaluminatlauge wird im sog. Ausrührprozeß durch Übersättigungsabbau Aluminiumhydroxid (Hydrargillit) abgeschieden. Dieser Vorgang ist von vielen Faktoren abhängig, die die Keimbildung, das Keimwachstum, die Kristallit- bzw. Primärkristallgröße, die Agglomeratbildung und die Korngrößenverteilung beeinflussen. Durch Zugabe von auf verschiedene Weise ebenfalls durch Ausrühren in unterschiedlichen Temperaturbereichen hergestelltem Aluminiumhydroxid als Impfstoff wird die Ausfällung intensiviert und teilweise gesteuert. Trotz zahlreicher wissenschaftlicher Untersuchungen sind die dabei ablaufenden Vorgänge — ausgehend von Struktur und Aufbau der Natriumaluminatlauge — noch nicht vollständig geklärt. Die eigenen Arbeiten verfolgen das Ziel, ein Aluminiumhydroxid mit definierter Korngrößenverteilung sowohl bezüglich der Agglomerate als auch der sie aufbauenden Primärteilchen zu erzeugen, das einerseits Zwischenprodukt der Herstellung von Sondertonerden mit speziellen physikalischen Eigenschaften ist, andererseits aber auch als Aluminiumhydroxid für Füllstoffzwecke eingesetzt werden kann. International und auch in der DDR findet zunehmend Aluminiumhydroxid in feindisperser Form (Primärkorngröße $d_{50} < 1\,\mu m - 2\mu m$) als flammenhemmender Füllstoff für Kunststoffe und Kautschuk (z.B. Kabelummantelungen, Isolierungen usw.) Anwendung. Dabei wird die Tatsache ausgenutzt, daß Aluminiumhydroxid bei Erhitzung auf Temperaturen $\geq 200\,°C$ Wasser abspaltet und infolge dieses endothermen Prozesses gemäß Gleichung

$$2\,Al(OH)_3 + \text{Energie} \rightarrow Al_2O_3 + 3\,H_2O$$

etwa 1210 kJ/kg Al_2O_3 an Wärmeenergie verbraucht. Damit wird vor allem die Brandgefahr bei derartig mit Füllstoff angereicherten Kunststoffen stark gemindert und auf Grund der entsprechenden Verbrennungsprodukte (H_2O, CO_2, CO) auch die schädigende Wirkung von Verbrennungsprodukten der Kunststoffe herabgesetzt. Ein weiteres Anwendungsgebiet derartiger feindisperser Hydroxide ist ihr Einsatz als Weißkomponente in der Papierindustrie. Hier kann ein partieller Ersatz des Titaniumdioxides TiO_2 erfolgen.

Beim Übersättigungsabbau der Natriumaluminatlauge durch sog. „Ausrühren" gelingt es zum Beispiel bei Ausrührzeiten von 7–8 Tagen und gesteuerter Temperaturabsenkung von 55° auf 45 °C in Abhängigkeit von der Aktivität, d.h. dem Herstellungsverfahren des Impfstoffes, ein Aluminiumhydroxid mit relativ einheitlicher Primärkorngröße von $d_{50} = 2-4$ µm oder auch 10–18 µm herzustellen. Dabei werden die niedrigeren Werte mit aktiverem Impfhydrat erreicht. Die Agglomeratkorngrößen betragen etwa 60–90 µm. Unter bestimmten Ausrührbedingungen bei Raumtemperatur und niedrigerer Al_2O_3-Konzentration der Natriumaluminatlauge kann sehr feindisperses $Al(OH)_3$ mit d_{50}-Werten von 1–2 µm für Primärkörner gewonnen werden, das unmittelbar, d.h. ohne Mahlen und Sichten, als flammenhemmender Füllstoff einsetzbar ist [1]. Die erhaltenen Ergebnisse zeigen die Beeinflußbarkeit der Aluminiumhydroxidausfällung im Ausrührprozeß bei Kenntnis der Einflußparameter. Allerdings ist die Reproduzierbarkeit stark abhängig von einer gleichbleibenden Laugezusammensetzung und damit auch von der technischen Prozeßführung sowie vom Rohstoffvorlaufen. Der Ausrührvorgang ist ein sensibler Prozeß, insbesondere wenn derartig hohe Anforderungen an die Hydroxidqualität gestellt werden. Dabei trägt er mit Ausnahme der Einstellung des Na_2O-Gehaltes praktisch nicht zur Reinheitserhöhung bei.

Da in das Hydrargillit-Gitter einige Zehntel Masse-Prozent Na^+-Ionen in nicht auswaschbarer Form eingebaut werden, muß zur Einhaltung der geforderten Na_2O-Gehalte der Sondertonerden eine Nachbehandlung erfolgen. Die von uns angewendete Teilzersetzung des Hydroxides bei etwa 300 °C führt zu partieller Umwandlung des Hydrargillits in Böhmit, so daß durch Auswaschen des bei der Gitterumwandlung freigesetzten Alkalis die geforderten Werte erreicht werden. Technisch kann dieser im Drehtrommelofen oder im Wirbelschichtreaktor durchgeführte Prozeß allerdings nicht voll befriedigen, da der Grad der Böhmit-Umwandlung und der Alkalifreisetzung verfahrensbedingte Schwankungen aufweist.

Besondere Bedeutung kommt für die Gewährleistung der physikalischen und damit auch der sinterkeramischen Parameter der verschiedenen Sondertonerdesorten der Hochtemperaturcalcination zu. Mit den Teilschritten der thermischen Zersetzung des Aluminiumhydroxides oder -hydroxyoxides und der Phasenumwandlung werden Kennwerte wie α-Gehalt, Primär- und Agglomeratkorngröße, Reindichte, spezifische Oberfläche, Kornform und Porosität beeinflußt oder gezielt eingestellt.

Der meist $>98\,\%$ liegende α-Gehalt fordert eine Calcinationstemperatur $\geq 1\,350$ °C und entsprechend lange Verweilzeiten in diesem Temperaturbereich. Der Einsatz von Mineralisatoren wie B_2O_3, AlF_3, MgO und deren Gemischen zur Steuerung der Primärkorngröße, Beschleunigung der Phasenumwandlung oder Einstellung des Kornhabitus ist durch Vorgaben der Keramik-Industrie eingeschränkt. Andererseits mußten wir feststellen, daß entgegen früheren Annahmen die Herstellung von Sondertonerden mit gröberem Primärkorn im Bereich von $\geq 3-7$ µm im allgemeinen nicht durch Zersetzung von grobdispersem Hydrargillit aus der Ausrührung (siehe vorn) möglich ist, sondern daß sich ohne Mineralisatorzusatz dabei immer Al_2O_3 mit Primärkorngrößen um $1-2$ µm bildet, so daß die Zugabe von Mineralisatoren für verschiedene Sondertonerden mit erhöhtem Primärkorndurchmesser bisher nicht zu umgehen ist.

Abbildung 2 zeigt Ergebnisse zum Einfluß des Mineralisatorzusatzes auf das Kornwachstum. Darüber hinaus sind weitere Faktoren, wie Ofenatmosphäre, Temperaturregime usw., für den Calcinationsprozeß von Bedeutung.

In Abbildung 3 ist in 3 REM-Aufnahmen das Kornwachstum als Wirkung unterschiedlicher Mineralisatorzusätze (B_2O_3) bei sonst gleichen Bedingungen dargestellt.

Für das Mahlen und Sichten der verschiedenen Sondertonerdesorten sind Fließbettgegenstrahlmühlen mit integriertem Stabkorbsichter mit Erfolg erprobt worden.

Besondere Anforderungen an chemische Reinheit und physikalische Parameter stellen Sondertonerden der Gruppe III (siehe Tabelle 1), wie sie in der Transparentkeramik für Brennerröhrchen der Natriumdampflampen und in der Mikroelektronik für sog. EPROM-Deckel benötigt werden. Die Bedarfsmenge ist zwar im Vergleich zu den anderen Sorten gering, der Preis und auch der Erzeugniswert aber hoch. Die Herstellung derartiger, vor allem auch hinsichtlich des Verunreinigungsgehaltes an färbenden Schwermetallen sehr reiner Tonerden erfolgt im allgemeinen ausgehend von

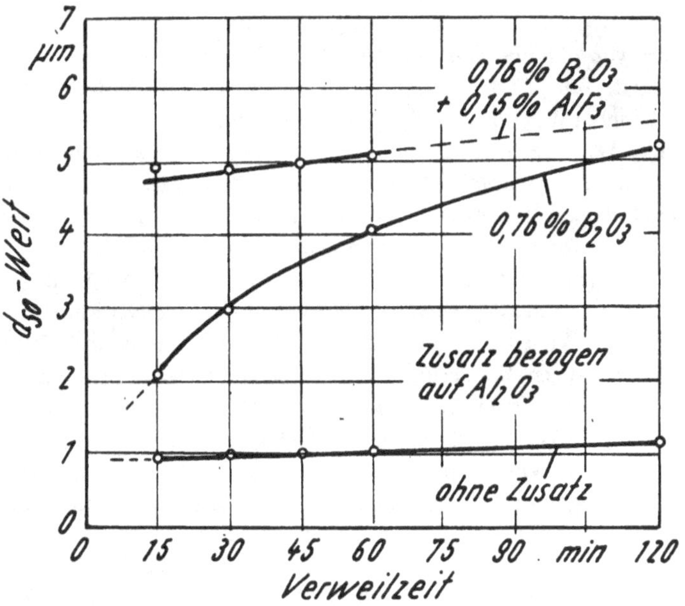

Abb. 2 Einfluß der Calcinationsdauer auf die Primärkorngröße (T = 1400 °C)

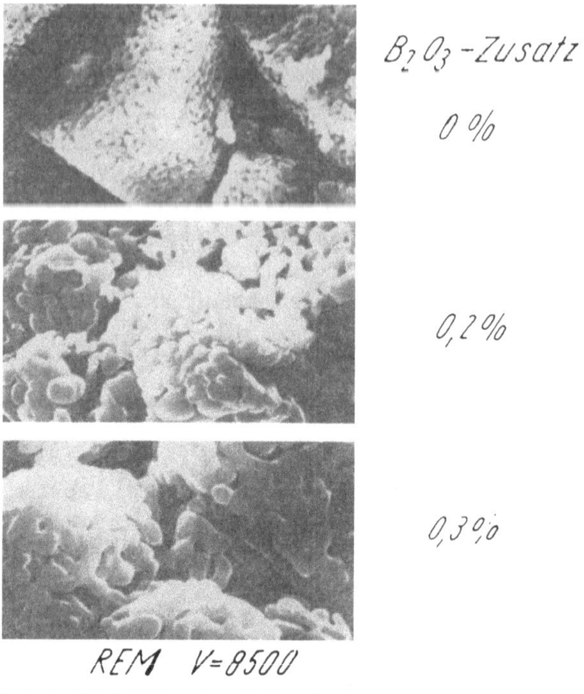

Abb. 3 Einfluß des B_2O_3-Mineralisatorzusatzes auf das Primärkornwachstum

Aluminiumsalzen oder von aluminiumorganischen Verbindungen, insbesondere von Aluminiumisopropanolat. Für die technische Verfahrensentwicklung untersuchten wir einerseits den bekannten Weg ausgehend von Na_2O-armen teilzersetzten böhmitischen Zwischenprodukten entsprechend Abbildung 1 über Ammoniumaluminiumalaun ($NH_4Al(SO_4)_2$) und Ammoniumaluminiumhydroxocarbonat ($NH_4Al(OH)_2CO_3$), wobei die Zersetzung und Calcination letztgenannten Salzes zu Sondertonerde der Gruppe III führt. Das Verfahren ist technologisch und apparatetechnisch aufwendig.

Aufbauend auf den umfangreichen Kenntnissen und Erfahrungen bei der Verarbeitung einheimischer Tone zur Tonerdegewinnung nach einem Aufschlußverfahren mit Salzsäure wird zur Zeit die Weiterentwicklung dieser Technologie für die technische Herstellung dieser hochwertigen Sondertonerde untersucht. Ausgangsprodukt ist Aluminiumchloridlösung, wie sie beim Tonaufschluß mit HCl nach dem wiederholt beschriebenen Verfahren des FNE entsteht [2], [3]. Abbildung 4 zeigt das vereinfachte Verfahrensfließbild, wobei die Vorstufen der Herstellung der $AlCl_3$-Lösung durch mechanisch-thermische Tonvorbehandlung, salzsauren Ton-Calcinataufschluß und Eisenabtrennung durch Flüssig-Flüssig-Extraktion weggelassen wurden, da sie unverändert übernommen werden können. Zwischenprodukt der Sondertonerdeherstellung ist hier Aluminiumchloridhexahydrat ($AlCl_3 \cdot 6H_2O$). Das Salz kann durch Umkristallisieren und Waschen gereinigt werden, wobei optimale technologische Wege An-

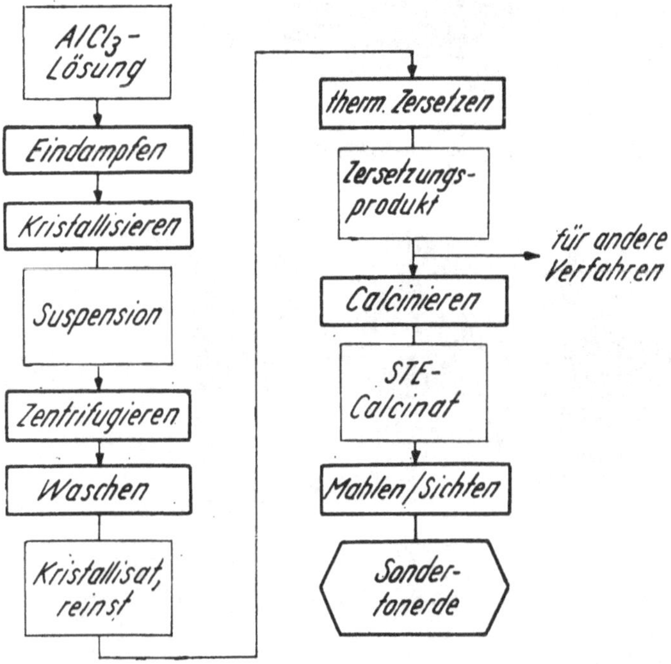

Abb. 4 Gewinnung von Sondertonerde aus Aluminiumchloridlösung (vereinfacht)

wendung finden. Bei der dem Grundprozeß entsprechenden zweistufigen thermischen Zersetzung und Calcination entsteht ein auch für andere Einsatzmöglichkeiten interessantes Teilzersetzungsprodukt der angenäherten Zusammensetzung $Al_2O_3 \cdot xHCl \cdot yH_2O$ mit $x = 1 - 2$ und $y \cong 2$. Das Calcinat aus reinem Aluminiumchloridhexahydrat entspricht mit einem α-Gehalt von 70–80% und Kurzzeitbehandlung bei 1250–1350 °C im Zyklonreaktor den Anforderungen an den Phasenbestand. Es ist in einer Fließbettgegenstrahlmühle wegen seiner durch Salzzersetzung entstandenen lockeren Struktur relativ leicht mahlbar. Abbildung 5 zeigt die REM-Aufnahme einer derartigen Tonerde aus dem HCl-Prozeß (gemahlen). Man erkennt die feindisperse Struktur und die gewünschte geringe Größe der Primärkörner.

Unter definierten Prozeßbedingungen wird ein Produkt gewonnen, das den Erfordernissen dieser Sondertonerde der Gruppe III entspricht.

Von der Bergakademie Freiberg, Sektion Chemie werden in Zusammenarbeit mit dem FNE Untersuchungen durchgeführt, die vom oben erwähnten Teilzersetzungsprodukt des $AlCl_3 \cdot 6H_2O$ ausgehen. Abbildung 6 zeigt ein vereinfachtes Prinzipschema dieser Arbeiten, die zu weiteren Möglichkeiten der Herstellung von Sondertonerden außerhalb des vorstehend durch die Gruppen I–III vorgegebenen Einsatzgebietes führen. Es wird die Tatsache genutzt, daß das Teilzersetzungsprodukt in Abhängigkeit vom Zersetzungsgrad ein konzentriertes Sol von basischen Aluminium-

REM V=8500

Abb. 5 Sondertonerde aus $AlCl_3 \cdot 6H_2O$ (├──┤ = 5 μm)

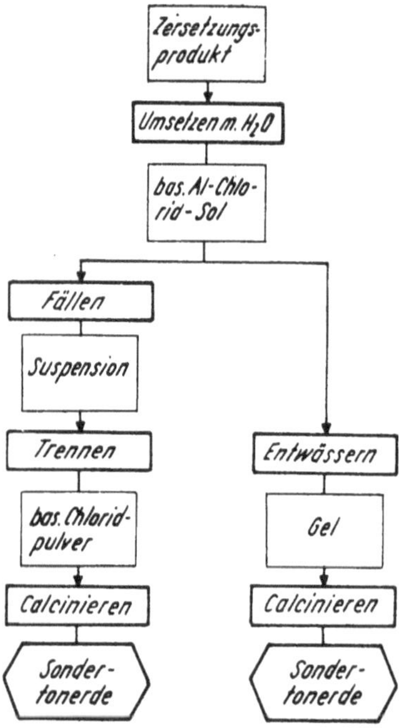

Abb. 6 Sondertonerde aus Zwischenprodukt der Tonverarbeitung durch salzsauren Aufschluß

chloriden bildet, dessen Weiterverarbeitung einerseits zu basischen Aluminiumchloridpulvern mit von den Arbeitsbedingungen abhängiger Zusammensetzung führt, andererseits über einen in verschiedenen Varianten für den Wasserentzug durchführbaren Sol-Gel-Prozeß die Herstellung von Produkten ermöglicht, die durch Calcination in sehr feindisperse Sondertonerden überführbar sind.

3. Niob- und Tantalpentoxide für die Hartmetalltechnik, die Glasindustrie und die Mikroelektronik

Nachdem bisher nur über Ausgangsmaterialien für die Oxidkeramik auf Al_2O_3-Basis gesprochen wurde, soll noch ein anderes langjähriges Arbeitsgebiet des FNE behandelt werden, das in letzter Zeit wegen der Entwicklung von Sonderwerkstoffen für die Elektronik/Mikroelektronik und die Optik bzw. Glasindustrie besondere Bedeutung gewonnen hat: die Gewinnung von Verbindungen des Niobiums und Tantals aus entsprechenden Erzkonzentraten und neuerdings die Herstellung hochreiner Pentoxide des Niobiums und Tantals. Abgesehen von der Verwendung beider Elemente als Metall bzw. Metallpulver, worauf hier nicht eingegangen werden soll, sind die Carbide, insbesondere Tantalcarbid, für die Qualitätsverbesserung bei Hartmetallen und ihre Oxide (Ta_2O_5, Nb_2O_5) als Vorstoffe für die Carbidherstellung und Erzeugung anderer Verbindungen beider Elemente von Bedeutung.

Im FNE wurde bereits in den sechziger Jahren – ausgehend von Untersuchungen zur Herstellung beider Metalle – ein Verfahren entwickelt und in einer Versuchsproduktionsanlage zur Herstellung von Ta_2O_5 mit $\leq 20\%$ Nb_2O_5 im Institut bis jetzt genutzt, das eine Teilversorgung der Hartmetallindustrie der DDR sichert. Rohstoffbasis waren zunächst importierte tantalreiche Konzentrate des Minerals Microlith, $(Ca, Na)_2(Ta, Nb, Ti)_2)O_6(OH, F, O)$, und seit 1987 in Verbindung mit einer Änderung des Rohstoffvorlaufens und weiterführender Verfahrensentwicklung Konzentrate von Tantalit/Niobit, $(Fe, Mn)(Ta, Nb)_2O_6$.

Abbildung 7 zeigt im apparativ-technologischen Schema das im FNE in der Versuchsproduktionsanlage angewendete Verfahren. Ihm liegt ein flußsaurer/schwefelsaurer Aufschluß des eingesetzten Erzkonzentrates zugrunde, der mit konzentrierten Säuren, d.h. unter sehr aggressiven Bedingungen, durchgeführt wird und zu Aufschlußlösungen mit hohen Gehalten an freier Fluß- und Schwefelsäure führt. Die Trennung der beiden chemisch eng verwandten Elemente erfolgt durch Flüssig-Flüssig-Extraktion, wobei ein in der DDR produziertes technisches Keton – Diisopropylketon (DIPK) – seit langem eingesetzt wird. Die Extraktion führt zunächst zur Abtrennung beider Elemente von den Verunreinigungen. Dabei gehen sie als H_2TaF_7 bzw. H_2NbF_7 durch Solvatation mit dem Extraktionsmittel in die organische Phase über. Ein Waschprozeß der beladenen organischen Phase mit Schwefelsäure führt zur partiellen Abtrennung mitextrahierter Verunreinigungselemente. Für die Hartmetallindustrie wird als Ausgangsmaterial ein sogenanntes Mischoxid $\leq 20\%$ Nb_2O_5 im Ta_2O_5 angestrebt. Ist der Niobiumgehalt höher, so kann eine partielle Rückextraktion

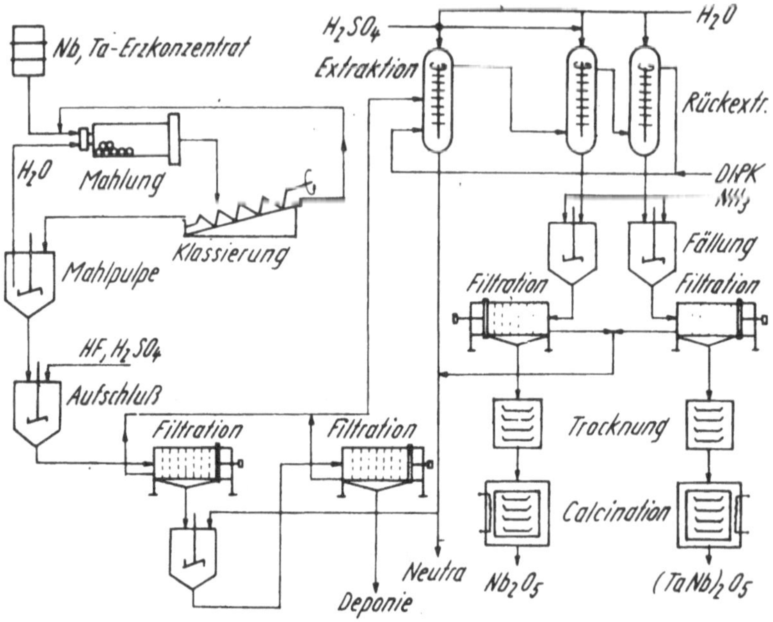

Abb. 7 Technologisches Schema der Nb_2O_5- und Ta_2O_5-Gewinnung (vereinfacht)

des Niobiums mit verdünnter H_2SO_4 erfolgen, da Niobiumverbindungen leichter hydrolisieren und das gebildete H_2NbOF_5 in die wäßrige Phase übergeht, während H_2TaF_7 erst bei Rückextraktion mit Wasser aus der organischen Phase abgetrennt wird. Ammoniakfällung des Rückextraktes führt zu dem TaNb-Hydroxidgemisch. Nach intensiver Auswaschung des Hydroxidgemisches zur Entfernung insbesondere der Fluoridionen erfolgen Trocknung und Calcination. Der vorstehend sehr vereinfacht dargestellte Prozeß ist sowohl chemisch als auch wegen der eingesetzten aggressiven Medien kompliziert. Eine ausführlichere Darstellung der Arbeiten im FNE auf diesem Gebiet der Herstellung von Ausgangsmaterialien für Sonderwerkstoffe befindet sich in Vorbereitung.

In letzter Zeit erfolgt eine Weiterentwicklung des Verfahrens insbesondere für die Herstellung hochreiner Oxide des Niobiums und des Tantals. Veranlassung hierfür ist der steigende Bedarf

- der optischen Industrie für Spezialgläser mit hohem Brechungsindex und verbesserter chemischer Beständigkeit,
- der elektronischen Industrie für die Herstellung von Mehrschicht-Keramikkondensatoren und von Lithiumniobat und z.T. auch Lithiumtantalat-Einkristallen für akusto- und optoelektronische Bauelemente.

Lithiumniobateinkristalle finden unter anderem für die Produktion von Oberflächenwellenfilter in Chipbauweise und für Koppler in der Lichtleittechnik Anwendung. Im

Falle der Mehrschicht-Keramikkondensatoren ist das hochreine Nb_2O_5 Bestandteil der in Perowskit-Struktur kristallisierenden Mehrkomponentensysteme des Dielektrikums für Kondensatoren mit erhöhtem Gebrauchswert. Die erforderliche Reinheit der hierfür eingesetzten Oxide ist im Vergleich zu der Reinheit bei Verwendung als Hartmetall-Bestandteil in Tabelle 2 zusammengestellt. Die hohen Anforderungen an die Technologie zur Herstellung des Reinst-Nb_2O_5 als Ausgangsmaterial für Sonderwerkstoffe — für Ta_2O_5 gelten im Bedarfsfalle praktisch gleiche Werte — sind daraus leicht erkennbar.

Tabelle 2 Reinheitsanforderungen an Nb_2O_5 und Ta/Nb-Mischoxid

Ta/Nb-Mischoxid Masse-%		Nb_2O_5 für optische Gläser ppm		Nb_2O_5 für $LiNbO_3$-Einrkistalle ppm	
Ta_2O_5	≥ 79	Fe_2O_5	≤ 10	B, Be, Ca, Co	
Nb_2O_5	≤ 20	MnO_2	≤ 2	Cr, Cu, Mg, Mn	≤ 1
CaO	$\leq 0{,}03$	CuO	≤ 1	Ni, Pb	
TiO_2	$\leq 0{,}03$	V_2O_5	≤ 1	Al, Fe, Sn	≤ 2
Al_2O_3	$\leq 0{,}01$	NiO	$\leq 0{,}1$	V, SE	
SnO_2	$\leq 0{,}01$	Cr_2O_3	$\leq 0{,}01$	Si, Ti, Zr	≤ 3
Fe_2O_3	$\leq 0{,}2$	CoO	$\leq 0{,}05$	Mo, W	≤ 5
NH_4F	$\leq 0{,}3$			Ta, F	≤ 100

Zur Sicherung dieser Qualitätsparameter ist einerseits eine hochentwickelte Technologie der Flüssig-Flüssig-Extraktion als vielstufiges Trenn- und Reinigungsverfahren sowohl bei der Extraktion, als auch bei der Rückextraktion, erforderlich. Andererseits kommen auch hier der exakt gesteuerten Hydrolyse der Nb- bzw. Ta-Hydroxide und dem nachfolgenden Waschprozeß zur Verunreinigungs- insbesondere auch Fluorid-Abtrennung besondere Bedeutung bei. Einzelheiten der Technologie bleiben späteren Publikationen vorbehalten. Die erzeugten Versuchsmaterialien entsprechen weitestgehend den Anforderungen. Abbildung 8 zeigt die REM-Aufnahme von im FNE hergestellten Reinst-Ta_2O_5. Die Entwicklungen werden weitergeführt.

4. Schlußfolgerungen

Die Herstellung von Ausgangsmaterialien für Sonderwerkstoffe, wie sie vorstehend am Beispiel von Sondertonerden und reinstem Niobium- und Tantaloxiden dargelegt wurde, ist maßgebliche Voraussetzung für die technische Produktion der Sonderwerkstoffe selbst.

Diesem an sich selbstverständlichen Sachverhalt wird bei Werkstoffentwicklungen oft nicht genügend Beachtung geschenkt. Eine frühzeitige und weiterführend enge Zusammenarbeit zwischen der Entwicklung von Sonderwerkstoffen und der von Aus-

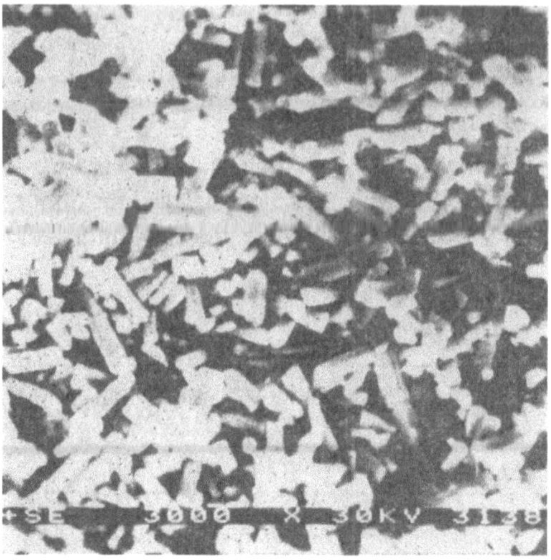

REM V=3000

Abb. 8 Hochreines Ta_2O_5 – calciniert – REM-Aufnahme (├──┤ ≙ 5 μm)

gangsmaterialien für ihre Herstellung sollte gesichert werden. Dabei sind außer den wissenschaftlich-technischen Fragen der Erzeugnisentwicklung und -applikation auch die ökonomischen Probleme einer Produktion durchgängig vom Ausgangsrohstoff bis zum Enderzeugnis zu bedenken und rechtzeitig einer Lösung zuzuführen.

Zurückkehrend zum Anlaß unseres Festkolloquiums darf ich annehmen, daß sicher auch unserem Jubilar, OM Werner Lange, eine solche komplexe Betrachtungsweise vom Ausgangsmaterial bis zum Endprodukt, von der oft ungünstigeren Ökonomie des Ausgangsmaterials zur oft hohen volkswirtschaftlichen Effektivität des Enderzeugnisses und dessen Applikation, richtig erscheint und seinem immer auf wissenschaftlich-technische und volkswirtschaftliche Zusammenhänge orientierten Denken entspricht.

Literatur

[1] DDR-Patentanmeldung WP C01F/3124527 vom 27. 1. 1988.
[2] Ziegenbalg, S., Haake, G., Light Metals 83 (1983), S. 1119–1144.
[3] Haake, G., Ziegenbalg, S., Neue Hütte 33 (1988) 5, S. 171–175.

Johannes Barthel

Entwicklung von elektrischen Sonderwerkstoffen

1. Einleitung

Magnetische Werkstoffe sind unverändert von entscheidender Bedeutung bei der Weiterentwicklung der Elektrotechnik. Für die Material- und Energieökonomie sind dabei Weich- und Hartmagnetika gleichermaßen wichtig. Darüber hinaus nehmen sie für die Erzeugung und Wandlung elektrischer Energie ebenso wie für die Realisierung neuer Wirkprinzipien in Elektrotechnik, Mikroelektronik und Rechentechnik eine Schlüsselstellung ein.

Im vorliegenden Beitrag werden Trends und Tendenzen sowie Ergebnisse und offene Probleme bei weichmagnetischen Werkstoffen auf Eisenbasis dargestellt. Im Hinblick auf eine verbesserte Material- und Energieökonomie stehen insbesondere die Erhöhung der Flußdichte B_{25} (gemessen bei 25 A/cm Feldstärke) und die Reduzierung der Ummagnetisierungsverluste (Kennwerte $P_{1,0/50}$ bzw. $P_{1,5/50}$, gemessen bei 1 bzw. 1,5 T Aussteuerung und einer Frequenz von 50 Hz) im Vordergrund. Dabei werden aus Fe–Si-Legierungen hergestellte Elektrobleche ihre dominierende Rolle als weichmagnetischer Werkstoff behalten, da in absehbarer Zeit keine praktikablen neuartigen technischen Lösungen in Sicht sind.

Bei der Suche nach verbesserten weichmagnetischen Werkstoffen können zur Zeit vier Entwicklungslinien unterschieden werden, die im folgenden Abschnitt kurz skizziert werden. Abschnitt 3 gibt einen kurzen Überblick über wesentliche Einflußfaktoren, während im letzten Abschnitt aktuelle Forschungsaufgaben zweier auch im ZFW Dresden verfolgter Hauptrichtungen, texturierte Elektrobleche und Dünnbandgießen, dargestellt sind. Der vorliegende Beitrag stützt sich im wesentlichen auf Resultate der hierzu in den letzten Jahren im ZFW Dresden durchgeführten Forschungen [1–3].

2. Entwicklungslinien

2.1. Hochorientierte Fe–Si-Elektrobleche

Bei der Entwicklung der Leistungsparameter kornorientierter, maximal 3 Gew.% Si enthaltender Bleche mit ausgeprägter kristallographischer Goss-Textur hat es in den letzten Jahren mehrere qualitative Sprünge gegeben. Aufgrund ihrer magnetisch günstigen Vorzugsrichtung eignen sich derartige Bleche insbesondere für Anwendungen mit gleichbleibender Flußrichtung wie Transformatoren. In derartig texturierten Blechen nutzt man aus, daß sich infolge der Anisotropie in Einkristallen die Ummagnetisierungsprozesse in den „magnetisch leichten" Richtungen bei geringeren äußeren Feldstärken vollziehen als in „schweren" Richtungen. Wie Tabelle 1 zeigt, ist damit eine hohe Flußdichte in den leichten Richtungen verbunden. Bei der Goss-Textur zeigen die leichten Richtungen ⟨001⟩ der Kristallite alle in Walzrichtung des Bleches. Trotz der genannten Vorteile gibt es in der DDR keine eigene Produktion solcher Transformatorbleche.

Tabelle 1 Flußdichte in unsiliziertem Eisen und Eisen mit 3,5 Gew.% Si

Richtung	Flußdichte B_{25}/T 0% Si	3,5% Si
⟨100⟩	2,05	1,97
⟨110⟩	1,52	1,50
⟨111⟩	1,35	1,24
(100) [ovw] Würfelflächentextur	1,79	
isotrop	1,63	

2.2. Nichtkornorientierte Elektrobleche auf Fe–Si(Al) Basis

Im Gegensatz zu den hochorientierten Blechen sind bei nichtkornorientierten Produkten mit in der Blechebene isotropen Eigenschaften wesentlich geringe Fortschritte zu verzeichnen. Gerade sie finden aber ihre Hauptanwendung in elektrischen Maschinen mit rotierender Flußrichtung. Für solche nichtorientierte Dynamobleche sind eine hohe Flußdichte und geringe Verluste magnetisch ideal. Abb. 1 zeigt Kennwerte einiger Dynamobleche, wobei die Zielfelder für Großgeneratoren und Kleinmaschinen höchster Qualität gekennzeichnet sind. Ein entscheidender Entwicklungsschritt gelang Nippon Steel durch eine clean-steel-Technologie, deren Ergebnisse auf der Intermag 1985 vorgestellt wurden [4].

Auch eine Arbeitsgruppe des ZFW unter Leitung von H. Wich [1] erreichte in jüngster Zeit einen entscheidenden Fortschritt, wobei hervorzuheben ist, daß dieser im Rahmen einer konventionellen Technologie und somit bei vertretbarem metallurgischen Aufwand realisiert werden kann, indem eine besonders günstige Textur ausgenutzt wird. Dabei handelt es sich um eine Würfelflächentextur (100) [ovw]. Bei ihr liegen die leichten Richtungen in der Blechebene, sind dort aber isotrop verteilt, was einen entscheidenden Vorteil im Vergleich zur räumlich vollkommen isotropen Verteilung darstellt. Leider werden jedoch beide nicht mit letzter Konsequenz als nichtorientiert bezeichnet. Tabelle 2 gibt einen Weltstandsvergleich für isotrope Elektro-

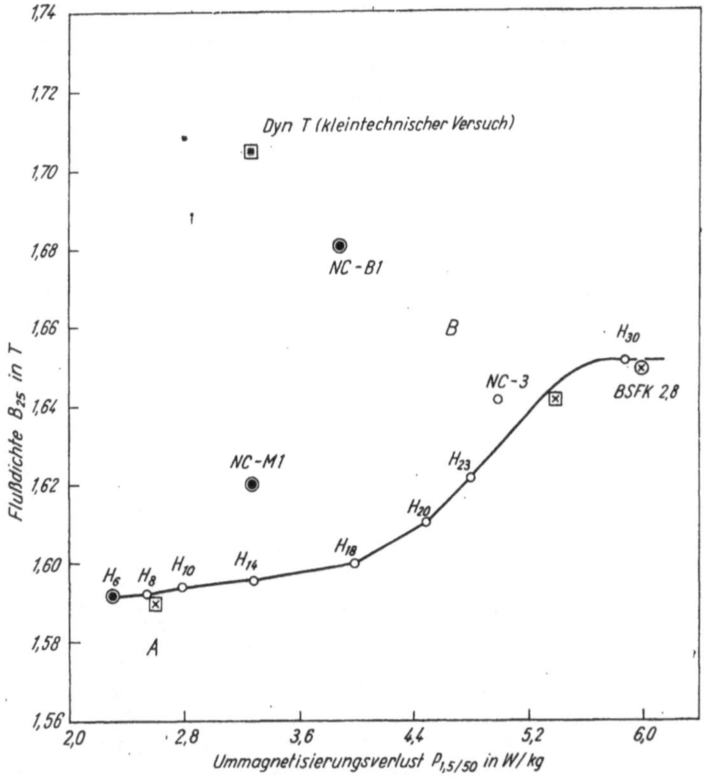

Abb. 1 Magnetische Kennwerte nichtkornorientierter Dynamobleche mit 0,5 mm Dicke: $H_6 \ldots H_{36}$: Typisches Produktionssortiment führender Elektroblech-Hersteller mit charakteristischen magnetischen Eigenschaften (z. B. Nippon Steel Corp); ☒: Ausgewählte Qualitäten westeuropäischer Hersteller nach Euronorm 106: FeV 270-50 HA, FeV 600-50 HA; NC-B1, NC-M1, H6: Neuentwicklung von Nippon-Steel für Vorschaltgeräte und elektrische Maschinen; BSFK 2,8: Semifinished Dynamoband unlegiert, VEB BK Eisenhüttenstadt, ■: Texturiertes Dynamoband (ZFW), kleintechnischer Versuch, A, B: Zielgebiete für Großgeneratoren bzw. Kleinmaschinen höchster Qualität

bleche, aus dem ersichtlich wird, daß das im ZFW entwickelte und im kleintechnischen Versuch getestete texturierte Dynamoband eine internationale Spitzenstellung einnimmt. Damit wurde der Nachweis erbracht, daß unter Ausnutzung geeigneter Texturen auch bei wesentlich geringeren Legierungsgehalten als bei anderen Spitzenqualitäten gleichzeitig sowohl hohe Flußdichten als auch niedrige Verluste erreicht werden können. Eine Erprobung dieser Bleche ergab z. B. in Hermetikmotoren gegenüber bisher eingesetzten eine Verbesserung des Wirkungsgrades um 4 bis 5 %. Auf die einzelnen Schritte bei Herstellung des texturierten Dynamobandes wird in Abschnitt 4 eingegangen.

Tabelle 2 Weltstandsvergleich für isotrope Elektrobleche (0,5 mm)

	B_{25}/T	$P_{10/50}$/W/kg	$P_{15/50}$/W/kg
Norm-Spitzenwerte:			
JIS S09			2,90
Japan			
AISI M15			2,93
USA			
DIN V270-50A			2,70
BRD			
BS grade 235			3,55
GB			
Spitzenwerte	1,55	1,15	2,7
(3% Si; 0,4–0,8% Al)			
(0,35 mm)	(1,65 B_{50})	(1,10)	(2,4)
Elektroblechgesellschaft	1,49	1,1	2,7
Bochum	1,51	1,5	3,5
Surahammer	1,59		
Nippon Steel	1,60	1,6	3,5
Voest	1,58		
Semifinished	1,67	2,8	
BKE (Si-frei)	1,65	3,2	
	1,62	3,6	6...7
ZFW	> 1,70 (Labor: 1,75)	1,6	3,3

2.3. Weichmagnetische amorphe Bänder auf Fe- und Co-Basis

Anfang der 60er Jahre entdeckten P. Duwez und Mitarb. [5, 6], daß bei sehr hohen Abkühlgeschwindigkeiten ($>10^5$ K/s) typische metallische Legierungen in einen glasartigen, amorphen Zustand überführt werden können. Dabei ließen sich die erforderlichen Abkühlraten nur realisieren, wenn das Objekt in wenigstens einer Dimension sehr dünn ist. Aufgrund attraktiver (u.a. weichmagnetischer) Eigenschaften amorpher Metalle, wurde zu Beginn der 70er Jahre mit der Einwalzenmethode das Grundprinzip kontinuierlicher Schnellerstarrungsverfahren entwickelt. Die notwendigen Abkühlraten werden dabei dadurch erreicht, daß die Schmelze mittels Kühlwalze zu einem sehr dünnen Band (z.B. 25 μm) ausgezogen wird.

Auch die DDR beteiligt sich stark an Werkstoff-, Technologie- und Anlagenentwicklung. Dabei konnte die Entwicklung für eine Pilotanlage mit einer Jahresproduktion von etwa 10 t amorpher Bänder erfolgreich abgeschlossen werden, während die Produktion für Applikationszwecke im Entstehen ist. Durch den Übergang zum planar-flow-casting-Prinzip [7], bei dem die Schmelze auf einer Cu-Walze erstarrt, konnte eine Mitte/Rand-Asymmetrie ausgeschlossen werden. Damit ein rein amorphes Band entsteht, darf die Banddicke 60 μm nicht überschreiten. Diese Bänder sind durch Ummagnetisierungsverluste $P_{1,0/60}$ von 0,1 W/kg, eine geringe Sättigungsmagnetisierung sowie einen hohen Legierungsanteil (B, Si, C) gekennzeichnet. Weitere Vor- und Nachteile sind aus Tab. 3 ersichtlich, wo auch auf die Anwendungsmöglichkeiten verwiesen ist. Dabei erfolgt in der DDR z. Zt. keine Anwendung in der Energietechnik, da Probleme der Material- gegenüber der der Energieökonomie dominieren, so daß Thyristorschutz, Schutzdrosseln, Fehlerstromschutzschalter und Magnetverstärker im Mittelpunkt stehen.

Tabelle 3 Amorphe magnetische Legierungen im Vergleich zu konventionellen magnetischen Legierungen

Einsatzgebiet	Legierungstyp amorph	kristallin	Bemerkungen (amorphe Legierung)
Trafo (energie-orientierte E-Technik)	FeBSiC-Legierung Vorteil: 3–5 × niedrigere Verluste ($P_{1,0/60} \approx$ 0,1 W/kg Nachteil: geringe Sättigungsmagnetisierung (85% von Fe–Si-Legierung), wegen geringer Blechdicke geringer Füllfaktor	FeSi-Texturbleche (HiBi-Bleche)	Betriebsfall-Netzfrequenz Kombination neuartiger Werkstoffe mit neuartigen Konstruktionen für Trafos Einsatz insbesondere für Verteilertrafos und Spartrafos
Einsatz in Steuer-, Meß- und Regeltechnik/Leistungselektronik	FeBSi-Basis-Legierung – vergleichbare Sättigungsmagnetisierung B_s (Ni Substitution rohstoffgünstig) – Schleifenform wie bei kristallinen Legierungen – geringe Verluste im Bereich 50 kHz–100 kHz als kristalline FeNi-Legierungen und Ferrite – Verringerung der Baugröße für Bausteine der Peripherie der Mikroelektronik – höhere Permeabilitätswerte als bei 50 NiFe	50 NiFe 80 NiFe	Anwendung für Thyristorschutz, Schutzdrosseln, Fehlerstromschutzschalter, Magnetverstärker

Tabelle 3 (Fortsetzung)

Einsatzgebiet	Legierungstyp amorph	kristallin	Bemerkungen (amorphe Legierung)
	Co-Basis-Legierung – kleinere Koerzitivkraft H_c – höhere Werte der Maximalpermeabilität μ (50 Hz) $\triangleq$ 600000	80 NiFe	
Spezielle Anwendungen	Co-Basislegierung – höhere Elastizität – höhere mechanische Festigkeit – höherer elektrischer Widerstand in Kombination – vergleichbare oder bessere weichmagnetische Eigenschaften	80 NiFe	Einsatz für magnetische Abschirmungen, Magnetkopf, magnetische Sensoren

2.4. Weichmagnetische mikrokristalline Bänder auf Fe–Si-Basis

Dickere schnellerstarrte Bänder (>60 μm) besitzen im allgemeinen kein amorphes, sondern ein kristallines Gefüge, das jedoch nicht notwendigerweise das Gleichgewichtsgefüge ist. Für die Erzeugung derartiger Bänder erscheint neben der Einwalzentechnik, die allerdings nach gegenwärtigen Erkenntnissen bestenfalls eine Dicke von 100 μm zuläßt, die Zweiwalzentechnik insbesondere für den Dickenbereich oberhalb 100 μm geeignet. Ohnehin stellt z.Z. die Zweiwalzentechnik das attraktivste Verfahrensprinzip für das sogenannte Dünnband im Gesamtkonzept des endabmessungsnahen Gießens von Stählen dar. Die Attraktivität dieses Verfahrens resultiert in erster Linie aus der Reduzierung von Prozeßstufen und der damit verbundenen Energieeinsparung. Deshalb wird es international zielgerichtet verfolgt, um Bänder hoher Reinheit und geringer Dicke im kristallinen Zustand zu erzeugen sowie hohe Legierungsgehalte zu ermöglichen. Das ist für elektrotechnische Anwendungen von außerordentlicher Bedeutung, weil sich Fe–Si-Legierungen, die mehr als 3,5 Gew% Si enthalten, mit konventioneller Technik nicht mehr ökonomisch in Bandform herstellen lassen. Derartige höhersilizierte Materialien können aber als alternative Werkstoffe sowohl für reguläre und hochpermeable kornorientierte Elektrobleche als auch für nichtkornorientierte Bleche zum Einsatz kommen. Besonders hervorzuheben ist, daß das mikrokristalline Band im Herstellungszustand eine Würfelflächentextur aufweisen kann, die durch eine Hochtemperaturglühung infolge einer Sekundärrekristallisation verbessert wird. Damit ist das Band sehr geeignet für eine Anwendung in elektrischen Kraft- und Arbeitsmaschinen. Derzeit ist dieses Gebiet international gesehen Gegenstand der Vorlaufforschung für das Jahr 2000, wobei es erste Ergebnisse für Si-Konzentration von 4–6,5 Gew% gibt [3, 8]. Im ZFW wird unter Nutzung einer vom VEB SKET Magdeburg entwickelten Versuchsanlage untersucht, welche werkstoffwissenschaftlichen Effekte mit durch Dünnbandgießen hergestellten kristallinen Werkstoffen zu erzielen sind.

3. Grundsätzliche Einflußfaktoren und ihre metallkundliche und technologische Ausnutzung

Bei der praktischen Nutzung werkstoffwissenschaftlicher Erkenntnisse steht besonders die Minimierung des erforderlichen metallurgischen Aufwands im Mittelpunkt. Auf einige grundlegende Faktoren, wie Textur, chemische Zusammensetzung und Reinheit sowie Blechdicke, denen für die magnetischen Eigenschaften der Bleche bzw. Bänder eine herausragende Bedeutung zukommt, soll im folgenden eingegangen werden. Darüber hinaus sei darauf verwiesen, daß in der Optimierung von Korngröße, Domänenstruktur und der Oberflächengüte weitere Ansatzpunkte für die Verbesserung der magnetischen Parameter zu sehen sind.

3.1. Textur

Auf die fundamentale Bedeutung der Textur für magnetische Eigenschaften ist bereits in Abschnitt 2 hingewiesen worden. Bestimmend für den Charakter der Textur (Hauptkomponente) des Fertigbandes ist das Gefüge – einschließlich Orientierungsverteilung und Restverformung – nach dem Warmwalzen. Das heißt ob eine Texturkomponente bestimmend werden kann, ist bereits durch das Gefüge vor der Kaltverformung festgelegt. Abb. 2 zeigt mögliche Varianten für das Warmwalzen, mit denen günstige Voraussetzungen für die Ausbildung einer Finaltextur geschaffen werden. In welchem Maße diese Potenz ausgeschöpft wird, hängt von der Zusammensetzung sowie den Kaltwalz- und Schlußglühbedingungen ab.

3.2. Chemische Zusammensetzung

Durch die Erhöhung des Gehaltes an Legierungselementen (Si, Al) steigt der spezifische elektrische Widerstand, was zur Reduzierung der Wirbelstromverluste beiträgt, die Kristallenergiekonstante wird kleiner und die Magnetostriktion hat bei etwa 6,5 Gew% Si einen Nulldurchgang. Allerdings sinkt dafür mit steigendem Legierungsgehalt die erreichbare Flußdichte. Weitere positive Aspekte sind die Verminderung der Kristallanisotropie und die Abschnürung des $\gamma-\alpha$-Gebietes im Zustandsdiagramm Damit ist eine größere technologische Freiheit in der Blechherstellung verbunden. Ein

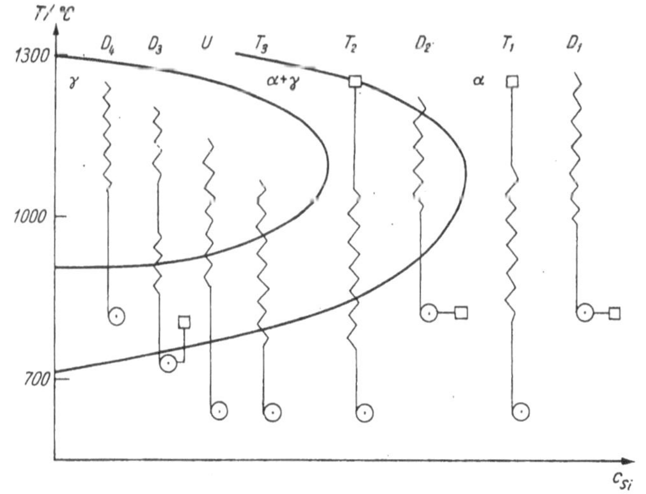

Abb. 2 Schematisiertes Fe–Si–C-Phasendiagramm mit möglichen Varianten der Temperaturbereiche für das Warmwalzen von Vormaterial, die günstig für die Ausbildung der Finaltextur in Dynamo(D)-, Trafo(T)- und Umform(U)-Bändern (Tiefziehgüte) sind (□: Lösungsglühen bzw. Warmbandglühung, ⊙: Haspeln), (aus [2])

generelles Problem ist jedoch, daß mit zunehmendem Legierungsgehalt die Kaltumformbarkeit und Verarbeitung der Bänder schwierig wird. Während die konventionelle Technik oberhalb 3,5 Gew% Si (Al) ökonomisch nicht mehr akzeptabel ist, eröffnet das Dünnbandgießen die Möglichkeit, den Si-Gehalt weiter zu erhöhen, ohne die Kaltverarbeitbarkeit zu beeinträchtigen. Andererseits steigt mit wachsendem Si-Gehalt die Festigkeit der Legierungen, so daß der Arbeitsbedarf für Schneid- und Stanzprozesse anwächst.

Legierungen oberhalb etwa 5,5 Gew% Si sind wegen der Ausbildung einer (partiellen) DO_3-Überstruktur spröde. Die DO_3-Einstellung kann, da es sich um einen Phasenübergang 1. Art handelt, in Abhängigkeit des stark von der Banddicke bestimmten Nachkühlregimes, welches der Bandbildung folgt, mehr oder weniger unterdrückt werden, so daß die Verformbarkeit erhalten bleibt. Hierbei haben sich die Erwartungen an die Schnellerstarrung, bei der die Bildung entsprechender Keime fast völlig ausbleibt, als richtig erwiesen. Oberhalb 6,7 Gew% Si erfolgt die Einstellung der DO_3-Überstruktur ohne Keimbildung durch einen Phasenübergang 2. Art und ist somit nicht mehr unterdrückbar.

3.3. Reinheit

Verunreinigungen (insbesondere nichtmetallische Ausscheidungen mit C, N, O, S) wirken sich in der Regel negativ auf Verluste und auch auf die Flußdichte aus, da die Bewegung der Blochwände und somit die Ummagnetisierung behindert werden. Desweiteren reduzieren sie die Stabilität und führen zu Alterungsprozessen. Kohlenstoff öffnet das technologisch ungünstige γ-Gebiet. Deshalb versucht man mit geeigneten metallurgischen Maßnahmen, wie Pfannenmetallurgie und Strangguß, sowie der Entkohlungs-Schlußglühung den Reinheitsgrad zu erhöhen. Auch Kornwachstum, Rekristallisation und Texturbildung hängen vom Verunreinigungsgrad ab. Obwohl dabei oft negative Effekte zu beobachten sind, können eine genau dosierte Beigabe von bestimmten Fremdelementen (z.B. Sb) und eine geeignete Prozeßführung zu Eigenschaftsverbesserungen führen.

3.4. Blechdicke

Durch die Reduzierung der Blechdicke werden ebenfalls die Wirbelstromverluste herabgesetzt. Gegenläufig ist dabei allerdings das Ansteigen der Hystereseverluste und die Verringerung des Packungsfaktors und damit des magnetischen Flusses. Weiterhin hat man den steigenden Herstellungsaufwand mit abnehmender Dicke zu beachten. Gegenwärtig beträgt so die untere Herstellungsgrenze für nichtorientierte, kaltgewalzte Bänder 0,35 mm. Auf typische Dicken beim Dünnbandgießen wird im zweiten Teil des nächsten Kapitels eingegangen.

4. *Aktuelle Forschungsaufgaben*

4.1. Ergebnisse bei Elektroblechen mit Texturkomponenten (Würfelflächenstruktur)

Die Textur wurde im ZFW als entscheidenste Komponente bei der Elektroblechentwicklung angesehen [2]. Nach Gorelik [9] gehört die Rekristallisation zu den derzeit noch „am wenigsten verstandenen Gebieten der Metallphysik". Das gilt in noch stärkerem Maße für die Texturbildung, da sich hierfür keine einfachen Ursache-Wirkungs-Beziehungen angeben lassen. Der Texturbildungsmechanismus wird durch eine ganze Reihe z.T. konkurrierender metallphysikalischer Prozesse bestimmt, wobei insbesondere auch solche, die nur durch kleine Energien gesteuert werden, wie z.B. Kornwachstum und Keimbildung, entscheidend sind. Oftmals kann dabei eine zunächst geringfügig erscheinende Änderung einer Randbedingung die Entwicklung der Textur in eine ganz andere, nicht gewünschte Richtung bringen. Die Herstellung von texturiertem Bandstahl setzt also ein möglichst weitgehendes Verständnis für die bestimmenden metallphysikalischen Prozesse und eine hohe technologische Disziplin voraus [2].

Im ZFW wurden Untersuchungen zum Herstellungsprozeß für texturiertes Dynamoband durchgeführt, wobei folgende Prozeßschritte wesentlich sind, um die Anreicherung der magnetisch günstigen Würfelflächentextur zu erreichen [1]. Zunächst wird unter Ausnutzung der Pfannenmetallurgie eine definierte Stahlzusammensetzung realisiert. Dabei erfolgt eine Dotierung mit grenzflächenaktiven Spurenelementen. Das Warmwalzregime (Temperatur, Verformungsgeschwindigkeit) wird so gewählt, daß ein Gefüge entsteht, welches durch einen weitgehend rekristallisierten, feinkörnigen Außenrand charakterisiert ist, wohingegen die Innengebiete nur grobkörnige, längsgestreckte Körner aufweisen. Die beiden letzten Prozeßschritte, das Kaltwalzen und die Schlußglühung, sind so zu wählen, daß die Würfelflächentextur verstärkt und nicht erwünschte Texturkomponenten unterdrückt werden. Die genaue Beschreibung der einzelnen Prozeßschritte bleibt einer gesonderten Veröffentlichung vorbehalten.

Die gezielte Nutzung von Texturbildungsprozessen ist insbesondere im Hinblick auf die technologischen Stufen der Warm- und Kaltbandherstellung sowie der Wärmebehandlung für isotrope Bleche ein Gebiet, bei dem die Möglichkeiten noch in vollem Umfang zu erschließen sind.

4.2. Bisherige Ergebnisse des Dünnbandgießens [3]

Im gesamten Konzentrationsbereich von 4,0–6,5 Gew% Si ist die Erzeugung von Bändern mittels Ein- bzw. Zweiwalzentechnik möglich. Dabei erreichten Japaner mit einer Zweiwalzenanlage eine maximale Blechdicke von 500 μm [8]. Übersteigt der Si-Gehalt 5,5 Gew%, existiert eine kritische Banddicke, oberhalb der ein sprödes Verhalten der Bänder auftritt. Diese kritische Banddicke nimmt offenbar mit steigendem Si-Gehalt ab und beträgt für Fe-6,5 Gew% Si sowohl bei Ein- als auch Zweiwalzentechniken etwa 60 μm. Die Ursache der Versprödung liegt in der Einstellung einer DO_3-Überstruktur, die bei größeren Banddicken nicht mehr unterdrückt werden kann.

Die schnellerstarrten Bänder weisen ein charakteristisches Gußgefüge auf, dessen Bestandteile dem Gleichgewichtszustandsdiagramm entsprechen, deren Abmessungen (Korngröße, Dendritenabstand) jedoch stark verkleinert sind, wobei die Bedeutung dieser extremen Kornfeinung z. Z. noch nicht abschätzbar ist. Darüber hinaus ist das Gefüge der Dünnbänder, die mit der Zweiwalzentechnik hergestellt werden, über die Bandbreite stark inhomogen. Typische Querschliffe durch ein Fe-6,5 Gew% Si-Band zeigen die Abb. 3 und 4. In der Mitte (Abb. 4) existiert ein Bereich, der wegen seines Bezuges zum eintretenden Schmelzstrahl auch als „gespritztes" Gebiet bezeichnet wird. Es ist etwas dicker als die beiden Randzonen (Abb. 3), den sogenannten „gewalzten" Gebieten. Sowohl in den gespritzten als auch den gewalzten Bereichen beobachtet man mit Ausnahme der Bandkanten ein primäres oder dem primären nahes dendritisches Gefüge. Unmittelbar an den Bandkanten ist dagegen das Gefüge homogenisiert und z.T. rekristallisiert. Das Erstarrungsgefüge von Abb. 4 zeigt in qualitativer Übereinstimmung mit dem Gefüge konventionell erstarrter Materialien ein Gußgefüge, bei dem eine dünne Randzone vom 1–3 μm Dicke regellose Körner mit einer Größe von 5–15 μm parallel zur Oberfläche aufweist. Es schließt sich eine Stengelkornzone an, in der die Korngröße der Banddicke proportional ist. In den Stengelkörnern ist ein primäres dendritsches Subgefüge ausgeprägt, dabei beträgt der Abstand der Primärdendriten 1 μm, während Sekundäräste fehlen. Die Abb. 4 und 5 stellen dieses Gefüge dem eines Einwalzenbandes gegenüber, wobei folgende Unterschiede von Bedeutung sind: Beim Einwalzenband weisen die Dendriten und die Ach-

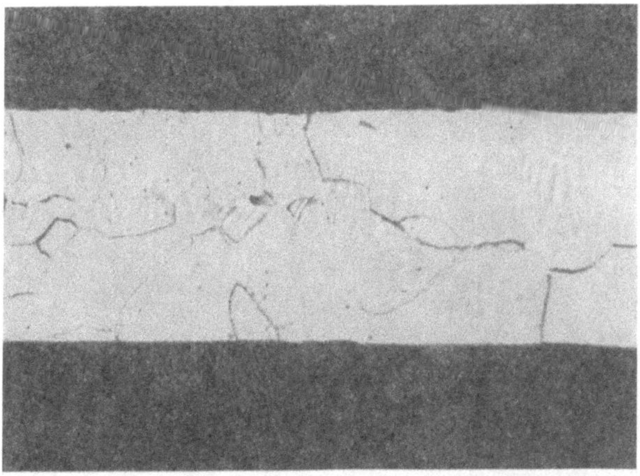

Abb. 3 Mikroaufnahme einer Randzone eines Fe-6,5Gew%Si Bandes (Zweiwalzentechnik)

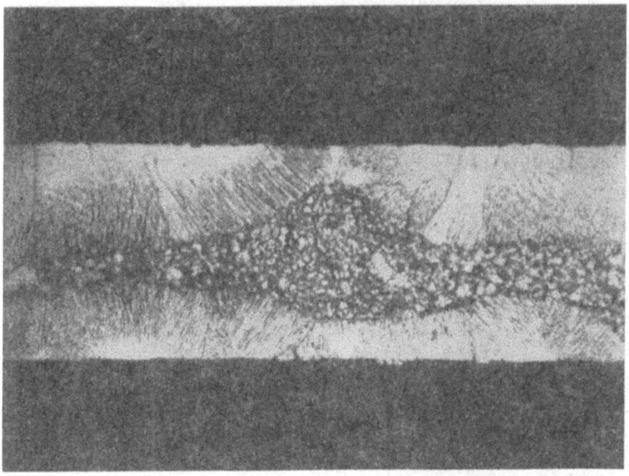

Abb. 4 Querschliff in der Mitte eines Fe-6,5Gew%Si Bandes (Zweiwalzentechnik)

sen der Subkörner eine Vorzugsrichtung etwa 15--20 geneigt zur Bandnormalen auf, wobei der Neigungswinkel mit zunehmender Banddicke wächst. In krz-Metallen und Legierungen haben die (001)-Flächen den größeren kinetischen Koeffizienten. Demzufolge wachsen die Zelldendriten in ⟨100⟩-Richtung und man findet für das Einwalzenband eine verkippte Würfelflächentextur. Demgegenüber ist das Zweiwalzenband faktisch texturlos, da das gespritzte Gebiet offensichtlich infolge lokaler Unterschiede des Wärmekontakts bei der Bandbildung durch eine regellose Orientierung der Körner gekennzeichnet ist. Dieser Befund steht im Widerspruch zur Literatur [10] und muß weiter bearbeitet werden, um eine entsprechende Bewertung zu ermöglichen. Während bei der Einwalzentechnik durch den Übergang zum planar-flow-casting-Prinzip eine

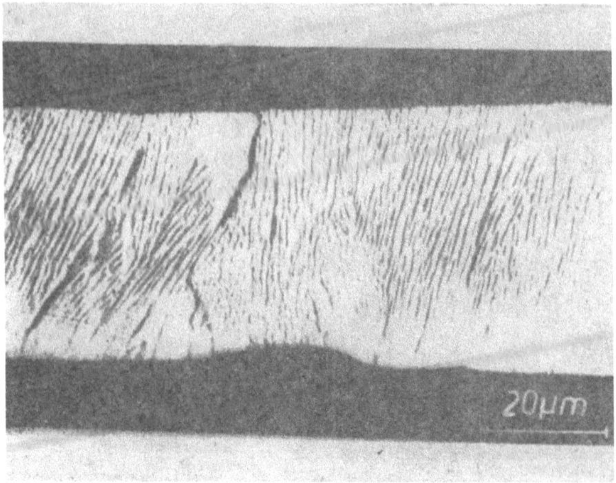

Abb. 5 Querschliff eines Fe-6,5Gew%Si Bandes (Einwalzentechnik)

Mitte/Rand-Asymmetrie (Abb. 3 und 4) ausgeschlossen werden konnte, fehlt derzeit noch eine entsprechende technologische Lösung für die Schmelzzufuhr beim Zweiwalzenprinzip. Deshalb ist für Zweiwalzenbänder in jedem Falle eine Wärmebehandlung zur Einstellung optimaler magnetischer Eigenschaften notwendig.

Die Einwalzentechnik ist durch die Ausprägung eines lift-off gekennzeichnet, d.h. eines inhomogenen Wärmekontaktes bei dem infolge thermischer Spannungen und aerodynamischer Faktoren eine lokale Trennung des Bandes von der Walze erfolgt. Die theoretische Behandlung der Erstarrungs- und Abkühlvorgänge erklärt den eindeutigen Zusammenhang zwischen lift-off und gestörter Struktur [11]. Abb. 6 zeigt ein Beispiel für eine solche gestörte Struktur, die durch die Abweichung der Dendriten-

Abb. 6 Bruchfläche eines Bandes mit Strukturausbildung im Bereich einer Pore (hier am Beispiel von $Al-Al_2Cu$)

richtung von der Blechnormalen charakterisiert ist. Der Erstarrungsbeginn des Zweiwalzenbandes erfolgt unter den gleichen Bedingungen ebenfalls mit Ausbildung eines lift-off. Allerdings ist infolge der zusätzlichen Warmverformung beim Durchgang des Bandes durch den Walzspalt dieses lift-off herausgedrückt. Damit läßt sich die mikroskopische Oberflächenqualität des Zweiwalzenbandes steigern, da sie der Oberflächenqualität der Walzen entspricht. Während das lift-off die geometrische Qualität verändert, sind Auswirkungen auf das Gefüge und damit die Primärtextur nicht zu erwarten. Die Geometrie sollte dabei die Grundlage für eine Erniedrigung der Blechdicke bei der Zweiwalzentechnik bieten. Insgesamt kann eingeschätzt werden, daß ein Teil der an die Dünnbandtechnik gestellten Erwartungen bereits erfüllt worden ist, während auf der anderen Seite auch noch eine Reihe widersprüchlicher Resultate und ungelöster Probleme zu verzeichnen sind. Die Beherrschung der Technologie und die Erarbeitung grundsätzlich neuer verfahrenstechnischer Ansätze im Rahmen der Grundtechnologie, insbesondere im Hinblick auf die Schmelzzufuhr und die Homogenität bei der Erstarrung sind Voraussetzungen, um in einer gezielten komplexen Werkstoff- und Technologieentwicklung, unter Einbeziehung von Kaltverformung und optimaler Wärmebehandlung zum Erfolg zu kommen.

Danksagung

Dieser Vortrag stützte sich in erster Linie auf Ergebnisse im ZFW durchgeführter Arbeiten. Für entsprechende Zuarbeiten und die Bereitstellung von Abbildungen gilt mein Dank insbesondere den Herren Prof. G. Lehmann, Prof. J. Schneider sowie Dr. H. Fiedler, Dr. M. Jurisch, Dr. H. Wich und Dr. J. Wieting. Für die Unterstützung bei der endgültigen Abfassung des Manuskripts danke ich Herrn Dr. M. Militzer.

Literatur

[1] Wich, H., ZFW-Forschungsbericht 1987.
[2] Wieting, J., G4-Bericht, ZFW Dresden, 1988.
[3] Jurisch, M., G4-Bericht, ZFW Dresden, 1987.
[4] Honma, K., Nozawa, H., Kobyashi, H., Shimoyama, Y., Tachino, I., Miyoshi, K., Intermag. Conf. 1985, siehe auch Firmenkataloge Nippon Steel Corporation No. EXE 711 April 1985, No. EXE 318 November 1985.
[5] Duwez, P., Willens, R. H., Klement, W., J. Appl. Phys. 31 (1960) 1136.
[6] Duwez, P., Willens, R. H., Trans. Met. Soc. AIME 227 (1963) 1963.
[7] Fiedler, H., Dissertation, ZFW Dresden, 1986.
[8] Kogiku, F., Yukumoto, M., Shibuya, K., Ozawa, M., Kan, T., in "Rapidly Solidified Alloys and Their Mechanical and Magnetic Properties" Hrsg. B. C. Giessen, Polk, E., Taub, A. I., Met. Res. Soc. Symp. Proc. 58 (1986) 15.
[9] Gorelik, S. S., "Recrystallization in Metals and Alloys", Moscow MIR Publishers 1981.
[10] Arai, K. I., Ohmori, K., Met. Trans. 17 A (1986) 1295.
[11] Neumann, W., Leonhardt, M., Löser, W., Sellger, R., Jurisch, M., J. Mat. Sci. 20 (1985) 3141.

Hans Göldner

Einfluß komplexer Belastungen auf die Beanspruchbarkeit der Konstruktionswerkstoffe

Sehr geehrter Genosse Generalsekretär!
Meine Damen und Herren!
Insbesondere aber hochverehrter Genosse Professor Lange — lieber Werner!

Die in der Laudatio erwähnte Prognose „Konstruktionswerkstoffe" hat uns vor 15 Jahren zusammengeführt, und ich bin darüber sehr froh! Die Arbeit in der von Ihnen geleiteten Klasse ‚Werkstoffwissenschaft' galt niemals ausschließlich der reinen Werkstoffentwicklung". Stets hatten Sie auch die Endprodukte und die damit zu erreichenden gesamtgesellschaftlichen Aspekte im Auge, und für mich als Festkörpermechaniker ergaben sich daraus interessante Anregungen, für die ich Ihnen danken möchte.

Leichtbau und ökonomische Verwendung von Material und Energie bei gleichzeitiger Erhöhung der Zuverlässigkeit der Konstruktionen innerhalb der prognostizierten Lebensdauer bedingen die interdisziplinäre Zusammenarbeit verschiedener Wissenschaftsdisziplinen, und einige dieser „Kooperationen" sind in Abb. 1 angedeutet.

Da ich Ihre vielseitigen Interessen kenne und schätze, möchte ich zunächst knapp auf einige Entwicklungsetappen eingehen, dann Arbeiten aus der eigenen Forschungsgruppe vorstellen und schließlich einen Ausblick geben.

Im Jahre 1638 erschienen die „Discorsi" von Galilei (1564—1642), und in den an sechs Tagen geführten Gesprächen des Salviati mit zwei interessierten Laien, den Herren Sagredo und Simplicio, standen auch Fragen der Festigkeitslehre zur Diskussion — es wurde der Grundstein zur Wissenschaft „Mechanik" gelegt. Vor allem das Problem der Balkenbiegung erregte das Interesse der Zuhörer, aber es wurden auch schon Probleme der Modellstatik und der Statistik avisiert.

Bekannt war zu dieser Zeit nur der Begriff „absolute Festigkeit". Mit unserer heutigen Terminologie ist das die beim prismatischen Zugstab gleichmäßig über der Querschnittsfläche verteilte Spannung — es liegt ein einachsiger, homogener Spannungszustand vor. Mit diesem Wissensstand untersuchte Galilei einen Kragträger mit Rechteckquerschnitt und kam durch eine Momentenbilanz um den Punkt Null zu der in Abb. 2a angegebenen Spannung. Er konnte die Frage des Salviati damit zufriedenstellend beantworten um wieviel die Last bei Verdopplung von b und h gesteigert werden könne: „Sagen Sie um das Achtfache und Sie werden es nahe getroffen haben." Der Faktor zwei entsprach jedoch nicht seinen Versuchen, und er konstatierte: „Die Unvollkommenheit der Materie kann die schärfsten mathematischen Beweise zu Schanden machen." Nachdem Hooke (1635—1703), der Sekretär der Royal Society, 1678 sein „ut tensio sic vis" veröffentlicht hatte, wurde das Biegeproblem von Mariotte (1620—1684) und auch vom Begründer unserer Akademie Leibniz (1646—1716) erneut aufgegriffen und zu dem in Abb. 2b dargestellten Ergebnis geführt. Aber erst Coulomb (1736–1806) hat die inhomogene Verteilung der Biegespannungen 150 Jahre nach den ersten Überlegungen Galileis so beschrieben, wie wir sie heute noch lehren (Abb. 2c). Mit den Begriffen Kohäsion und Reibung hat er auch erstmals zwei Werk-

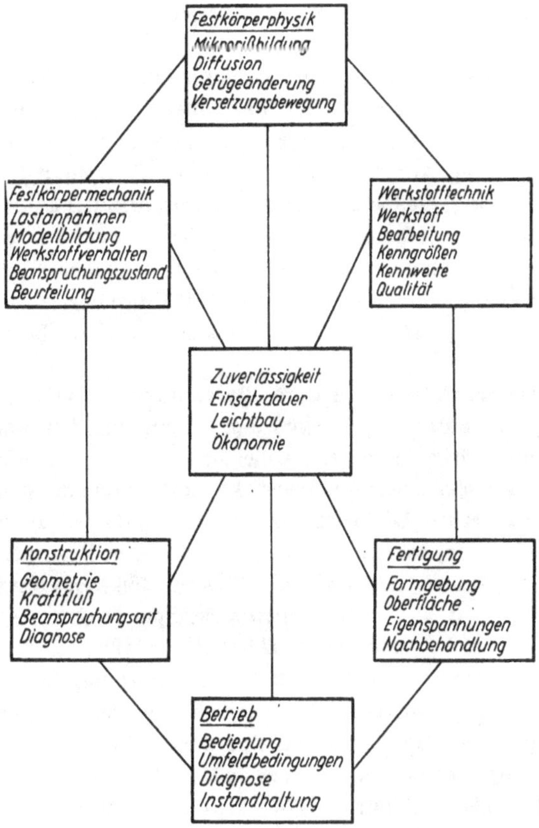

Abb. 1 Beitrag verschiedener Bereiche zur Zuverlässigkeit tragender Konstruktionen

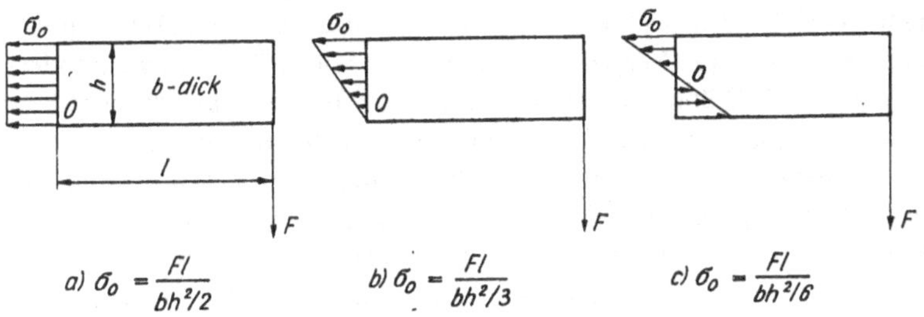

Abb. 2 Entwicklung der Spannungsverteilung am prismatischen Biegebalken mit Rechteckquerschnitt

stoffkenngrößen vorgestellt. Viele Jahrzehnte hat es auch gedauert, bis das Problem der Biegesteifigkeit geklärt werden konnte. Noch Euler (1707–1783) arbeitete mit dem Begriff der absoluten Steifigkeit. Erst nachdem Young (1773–1829) den Begriff Elastizitätsmodul eingeführt hatte, gelang es Navier (1785–1836) die Materialsteifigkeit (Elastizitätsmodul) von der geometrischen Steife (Flächenträgheitsmoment) zu trennen. Damit war es möglich, für den einachsigen, inhomogenen Biegespannungszustand die Spannungsverteilung und für schlanke gerade Träger die Verformung anzugeben. Die Berechnung mehrachsiger Spannungszustände war damit aber noch nicht möglich. Es bedurfte dazu u.a. erst der Untersuchungen von Poisson (1781–1840), der den Begriff Querkontraktionszahl einführte und diese für alle Werkstoffe mit 0,25 angab. Eine lange kontroverse Diskussion von Vertretern der Einkonstantentheorie (Poisson, Navier), die die 21 Elastizitätskonstanten des anisotropen Problems auf eine für den isotropen Fall reduzierten, gegen Vertreter der Zweikonstantentheorie die entsprechend der Beziehung $E = 2(1 + \nu) G$ zwei unabhängige Elastizitätskonstanten benötigten, wurde geführt. Cauchy (1789–1857) formulierte dann endgültig die Beziehungen für den allgemeinen Spannungszustand nach der linearen Elastizitätstheorie.

Komplexe Belastungen können z.B. durch Gravitations-, Magnet- oder Temperaturfelder hervorgerufen werden. Die Einwirkungen können zeitlich konstant (statisch) oder zeitlich veränderlich (zyklisch) sein, wobei die Änderungen determiniert aber auch völlig unregelmäßig (stochastisch) auftreten können. Praktisch ist nahezu jede Belastung zeitlich veränderlich. Die Belastungen führen im Bauteil zu komplexen homogenen oder inhomogenen, einachsigen oder mehrachsigen Beanspruchungen. Meist betrachtet man die Spannungen, doch ist es oft zweckmäßig, auch Verzerrungen, Energiedichten oder, wie z.B. in der Bruchmechanik, Spannungsintensitätsfaktoren als Beanspruchungskenngrößen zu wählen. Zur festigkeitsmäßigen Beurteilung tragender Konstruktionen muß die im Bauteil ermittelte Beanspruchung (B_K) mit einer Werkstoffkenngröße „Beanspruchbarkeit" (B_W) verglichen werden, wobei stets gelten muß $B_K \leq B_W$. In der klassischen Festigkeitslehre werden meist Streckgrenze, Bruchfestigkeit, Dauerfestigkeit zum Vergleich gewählt. In der Bruchmechanik werden u.a. Bruchzähigkeit, kritische Rißöffnung als Werkstoffkenngrößen verwendet.

Statische Belastungen, die auf einachsige, homogene oder schwach inhomogene Beanspruchungszustände führen, können zuverlässig bezüglich Bruch und Verformung beurteilt werden. Auch bei mehrachsigen Beanspruchungszuständen ist deren Beurteilung mit den bewährten Vergleichsspannungen möglich. Bei zeitlich veränderlichen Belastungen ist die Wöhler-Kurve meist noch Basis für die Lebensdauervorhersage. Reihenfolgeeinflüsse, mehrachsige Spannungszustände mit unterschiedlichen Frequenzen oder stochastisch stark wechselnde Beanspruchungen erschweren die Beurteilung des Schädigungsmaßes. Für den Ermüdungsprozeß können festkörperphysikalisch die Stadien Versetzungsbewegung, Mikrorißbildung und Mikrorißwachstum genannt werden. Eine zuverlässige Übertragung von der Werkstoffprobe auf das konkrete Bauteil ist noch nicht möglich.

Stark inhomogene Beanspruchungszustände, wie sie immer in der Umgebung plötzlicher Querschnittsänderungen oder von Werkstoffehlerstellen auftreten, führen stets auch zu mehrachsigen Spannungszuständen und verändern dadurch das Werkstoffverhalten und damit die Beanspruchbarkeit. Nach Einführung der Formzahl als Quotient von größter elastizitätstheoretisch errechneter Spannung zur Nennspannung entwickelte sich vor allem durch die Arbeit von Neuber die Kerbspannungslehre als Teilgebiet der Festigkeitslehre. Für die Bestimmung der sogenannten Gestaltfestigkeit bedurfte es neben der Formzahl weiterer Größen, wie z.B. Spannungsgefälle, Stützziffer und Kerbwirkungszahl, um die Beanspruchung erfassen zu können. Die Mehrachsigkeit wurde damit jedoch noch nicht berücksichtigt. Durch plötzliche Querschnittsänderungen ändert sich der Beanspruchungszustand nicht nur quantitativ, sondern auch qualitativ. Dadurch wird der Bruchcharakter beeinflußt, und die Sprödbruchneigung wird begünstigt. Durch verschiedene zunächst unerklärbare Havarien mußten sich Festkörperphysiker, Werkstoffwissenschaftler und Festkörpermechaniker intensiv mit dem veränderten Werkstoffverhalten beschäftigen, und es entstand das interdisziplinäre Gebiet „Bruchmechanik“. In unserer Klasse haben wir darüber ausführlich diskutiert, und auch im Plenum darüber berichtet.

Hier will ich auf das in unserer Forschungsgruppe untersuchte aktuelle Problem kleiner Risse und scharfer Kerben eingehen. Für eine sehr große Scheibe unter Zugbeanspruchung σ_n mit elliptischem Loch (Abb. 3) ist der Beanspruchungszustand im Bereich $a \leq x \leq 1{,}1a$ sehr stark inhomogen. Für verschiedene Achsenverhältnisse b/a sind die Spannungsverhältnise in der Tabelle angegeben. Daraus ist ersichtlich, daß der Abbau der Spitzenspannungen sehr rasch über einem sehr kleinen Bereich erfolgt. Mit Einführung einer verallgemeinerten Beanspruchungskenngröße B_{vm} aus gemittelten Beanspruchungen an den am stärksten beanspruchten Stellen in der Form

$$B_{vm} = \frac{1}{d^*} \int_{(d^*)} B(x)\,dx \tag{1}$$

mit

– B_v geeignete Vergleichsbeanspruchung für mehrachsige Spannungszustände,
– d^* Ersatzstrukturlänge

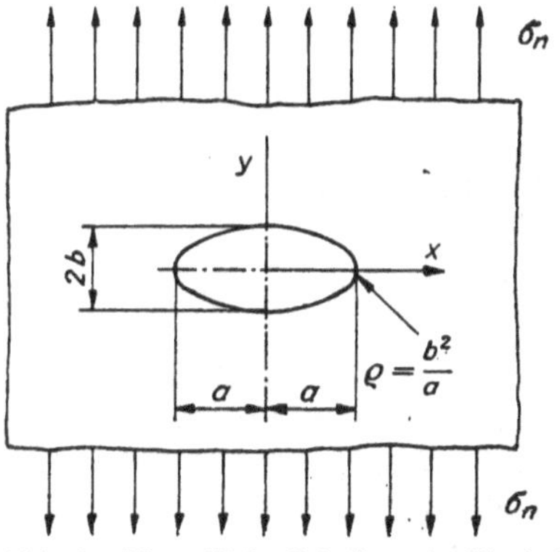

Abb. 3 Unendliche Scheibe mit elliptischem Loch im Zugspannungsfeld

Tabelle 1 Abklingverhalten von σ_y/σ_n

b/a x/a	1	1,001	1,01	1,1
0	∞	22,38	7,12	2,40
0,1	21	17,29	7,91	2,43
1	3	2,99	2,93	2,44

glauben wir eine geeignete Größe gefunden zu haben, mit der wir einige Phänomene, die bisher nicht erklärt werden konnten, beschreiben können.

Für Risse erhält man unter Verwendung der Vergleichsgröße „maximale Hauptnormalspannung σ_1" für den ebenen Spannungszustand und den ebenen Verzerrungszustand (EVZ)

$$B^{\sigma}_{vm} = \sigma_n \sqrt{1 + 2a/d^*} \cdot Y \tag{2}$$

und bei Verwendung der Hauptdehnungshypothese für den EVZ

$$B^{\varepsilon}_{vm} = (1 + \nu) \frac{\sigma_n}{E} [(1 - 2\nu) \sqrt{1 + a2/d^*} + \nu] \cdot Y \tag{3}$$

mit Y als Geometriefaktor.

d* wird experimentell aus der Dauerfestigkeit verschieden scharf gekerbter Proben oder aus dem Schwellenwert unterschiedlich kleiner Risse bestimmt. d* korreliert sehr stark mit der Struktur des Werkstoffes, so daß die Rißgrößendefinition nicht nur von der Geometrie sondern auch von der Werkstoffstruktur bestimmt wird. Aus den Gleichungen (2) und (3) lassen sich folgende Rißgrößendefinitionen herleiten:

- Mikrorisse: $a \ll d^*$
- Makrorisse: $a \gg d^*$
- kleine Risse: $a \approx d^*$.

Damit gelten als Beanspruchungsparameter

- für Mikrorisse $B_{vm} \sim \sigma_n$
- für Makrorisse $B_{vm} \sim \sigma_n \sqrt{a} \sim K$
- für kleine Risse $B_{vm} \sim \sigma_n \sqrt{1 + 2a/d^*} = \frac{K}{\sqrt{\pi d^*}} \sqrt{2 + d^*/a}$.

Für den Spannungsintensitätsfaktor wurde hier $K = \sigma_n \sqrt{\pi a}$ (große Scheibe mit Innenriß) verwendet.

Für kleine Risse sind demnach die bisherigen Erkenntnisse der Bruchmechanik zu korrigieren! Die Rechnungen wurden auf der Basis der linearen Elastizitätstheorie gewonnen, obwohl in unmittelbarer Rißspitzennähe ein plastisches Gebiet vorhanden ist. Eine genauere wesentlich aufwendigere Untersuchung mit einem elastisch-plastischen Materialgesetz zeigt jedoch qualitativ die gleichen Tendenzen. Mit diesen theoretischen Erkenntnissen wurden literaturkundige experimentelle Untersuchungen zum Schwellenwertverhalten kleiner Risse überprüft. Die Ergebnisse mit der Beziehung

$$\frac{\Delta K_{th}^{kl}}{\Delta K} = \frac{1}{\sqrt{1 + d^*/2a}} \tag{4}$$

sind Abb. 4 zu entnehmen.

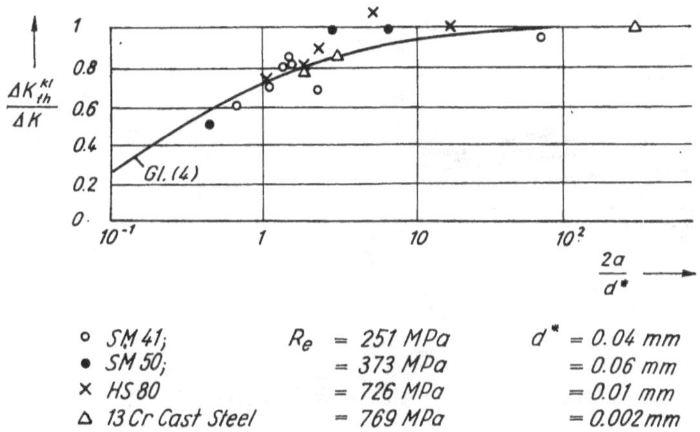

Abb. 4 Schwellenwerte für kleine Risse

Auch auf scharf gekerbte Bauteile wurde das d*-Konzept angewendet. Die Beanspruchungskenngröße nach der Hauptdehnungshypothese ist in Abhängigkeit von d^*/a und ϱ/a in Abb. 5 dargestellt. Deutlich ist erkennbar, daß scharfe Kerben mit $\varrho \approx d^*$ höhere Beanspruchungen liefern als der ideale Riß, für $d^*/a > 0{,}5$ ist B_{vm} weitgehend unabhängig von ϱ. Mit diesen Überlegungen ist es möglich, genauere Angaben über die Restnutzungsdauer geschädigter, verschieden scharf gekerbter Bauteile zu treffen. In Abb. 6 sind Kurven für die Anriß- und die Bruchlastzyklenzahl aufgetragen. Es ist festzustellen, daß ein scharf gekerbtes angerissenes Bauteil noch eine beträchtliche Lebensdauerreserve aufweist, wogegen bei einem Riß mit größerem Krümmungsradius die Lebensdauer bereits bis zum Anriß fast verbraucht ist.

Einer im besonderen Maße komplexen Beanspruchung unterliegen Bauteile im Kraftwerksanlagenbau. Neben die zügige Grundbeanspruchung tritt eine zyklische Beanspruchung. Im Bereich erhöhter Temperaturen (>500 °C) ist ferner der Zeitstandfestigkeit Rechnung zu tragen, und es ist auch mit Kavitation, Erosion und Verschleiß zu rechnen. Hinzu kommen noch chemische Beanspruchungen durch lokale Korrosion, Spannungsriß- oder Schwingungsrißkorrosion bzw. spannungsinduzierte Korrosion. Schließlich muß auch mit Übertemperatur und mit Temperaturwechsel bis hin zum Thermoschock gerechnet werden.

In Kernkraftwerksblöcken ist außerdem noch die Neutronenversprödung zu erfassen.

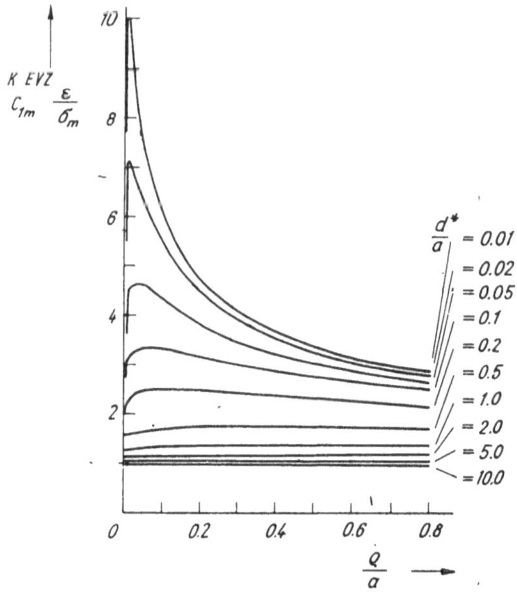

Abb. 5 Gemittelte Hauptdehnung im Ligament einer scharfen Kerbe

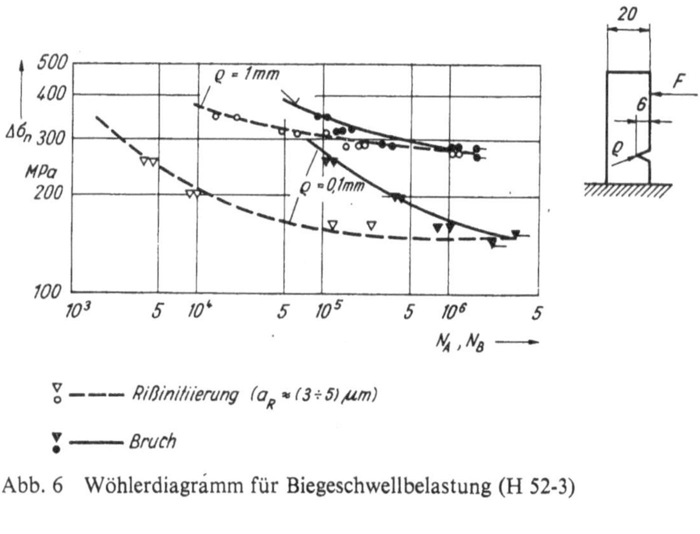

Abb. 6 Wöhlerdiagramm für Biegeschwellbelastung (H 52-3)

Energiebereitstellung ist Schwerpunkt in unserer Volkswirtschaft, und deshalb gebührt allen Kraftwerksbauteilen besondere Aufmerksamkeit. Betriebserfahrungen zeigen, daß glatte Rohre eine Lebensdauer von 400000 Stunden, Krümmer von 140000 Stunden, Verzweigungen und Flansche jedoch nur von 70000 Stunden haben. Ein warmfester Werkstoff mit einer Zugfestigkeit bei Raumtemperatur von 700 MPa hat nach 100000 Stunden Einsatzdauer bei 650 °C nur noch eine Zeitstandfestigkeit von 60 MPa! Für den Stahl 10 CrMo 9.10 und eine Betriebstemperatur von 530 °C ist die ertragbare Spannung mit einem Streuband von ±20% über der Einsatzdauer in Abb. 7 eingetragen. Dabei erkennt man, daß bei einer Betriebsspannung R das Toleranzfeld untere Streubandgrenze bis obere Streubandgrenze etwa den Faktor 7 umfaßt. In der DDR sind weit über 100000 t warmfeste Werkstoffe in Kraftwerksblöcken mit einer Leistung über 100 MW eingesetzt. Eine Verlängerung der Einsatzdauer um nur ein Jahr würde mehrere Millionen Mark Einsparung bringen. Auch im RGW laufen Versuche, das Toleranzfeld einzuengen. 35 verschiedene Werkstoffe mit einer statistisch ausreichenden Probenzahl ergaben Streuungen in der Standardabweichung vom Faktor 10.

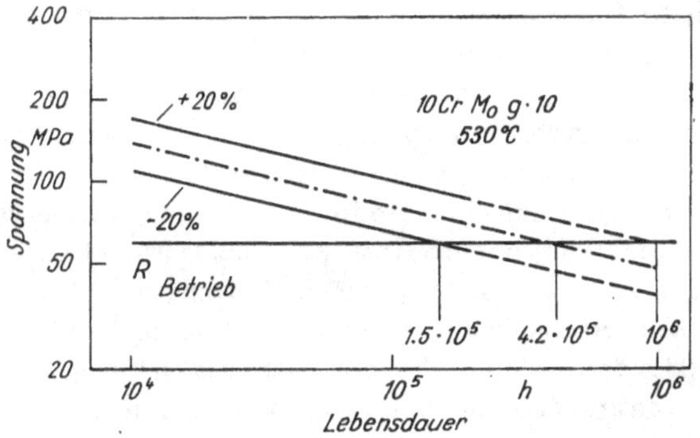

Abb. 7 Lebensdauer in Abhängigkeit von der Streuung der Zeitstandsfestigkeit

Es ist bekannt, daß das Langzeitverhalten von Stählen bei erhöhten Temperaturen durch drei gleichzeitig ablaufende mikrostrukturelle Prozesse bedingt ist

- den Verformungsprozeß, der u.a. die Versetzungsbewegungen, die Diffusion und das Korngrenzengleiten umfaßt;
- die mikrostrukturellen Gefügeveränderungen wie Ausscheidungsverhalten und Teilchenvergröberung;
- den eigentlichen Schädigungsprozeß mit Hohlraumbildung, -wachstum und -koaleszenz.

Ziel muß es sein, diese Prozesse durch festkörperphysikalische Maßnahmen zu steuern. Zum Schluß noch einige Bemerkungen.

Im Maschinenbau und auch im Bauwesen wird Stahl nach dem Jahre 2000 noch als Konstruktionswerkstoff dominieren. Der Walzstahlverbrauch liegt in der DDR z.Z. bei etwa 6000 kt/a, und es sind Einsparungen im spezifischen Verbrauch von 7%/a gefordert.

Durch Leichtbau und ökonomische Verwendung von Material und Energie können wir mit Senkung des Masse-Leistungs-Verhältnisses sehr wesentlich zur Steigerung des Wirtschaftswachstums beitragen. Normale Baustähle mit einem ausgeprägten duktilen

Verhalten im Zugversuch bringen für den Konstrukteur kaum Probleme. Er kann ohne Konsultation mit dem Werkstoffachmann, dem Berechnungsingenieur und dem Fertigungsingenieur arbeiten. Diese Fachleute können anschließend, sozusagen „in Reihe" wirksam werden. Bei höherfesten Baustählen ist im Zugversuch kaum ein Fließgebiet feststellbar, und bei komplexer Beanspruchung neigen diese Stähle zum Sprödbruch. Alle oben erwähnten Spezialisten müssen hier von Anfang an parallel arbeiten, und auch die Betreiber der Anlagen sind mit einzubeziehen. In unserem Lande werden heute 8% höherfeste Werkstoffe eingesetzt, 1990 sollen es 12% und im Jahre 2000 etwa 20% sein. Das ist eine enorme Aufgabe, die nur kollektiv gelöst werden kann. In Bereichen, bei denen es überwiegend auf Maßhaltigkeit und Steife ankommt, ist der Einsatz der höherfesten Stähle nicht erforderlich, weil der Elastizitätsmodul die Werkstoffsteife bestimmt. Durch Formleichtbau kann aber auch hier noch abgemagert werden. Dabei muß der klassische Werkstoff Stahl voll ausgereizt werden, und der Terminus Festigkeit ist nicht immer nur mit Spannung gleichzusetzen.

Bei sogenannten neuen Werkstoffen mit gänzlich anderen Verhaltensweisen als Stahl ist die Zusammenarbeit im Sinne der Abb. 1 noch zwingender. Für Faserverbunde oder aber für Konstruktionskeramik mit ihren vielen Vorteilen (Korrosion, Verschleiß, thermische Dehnung), aber auch mit ihren großen Unterschieden bezüglich Zug-Biege- und Druckfestigkeit, dem stabilen (unterkritischen) Rißwachstum bei statischer Belastung bereits bei Raumtemperatur und den starken Streuungen der Kennwerte ist ein energisches Umdenken erforderlich – es ist „keramikgerecht" zu konstruieren! Der Werkstoffentwickler darf nicht nur die Probe oder das Halbzeug kennen, sondern er muß auch die Konstruktion mit ihren komplexen Beanspruchungen sehen. Die Einsatzdauer ist anhand eines SPT (Strength-Probability-Time)-Diagrammes festzuschreiben (Abb. 8).

Für linear-elastisches Werkstoffverhalten bei statischer Belastung, Raumtemperatur

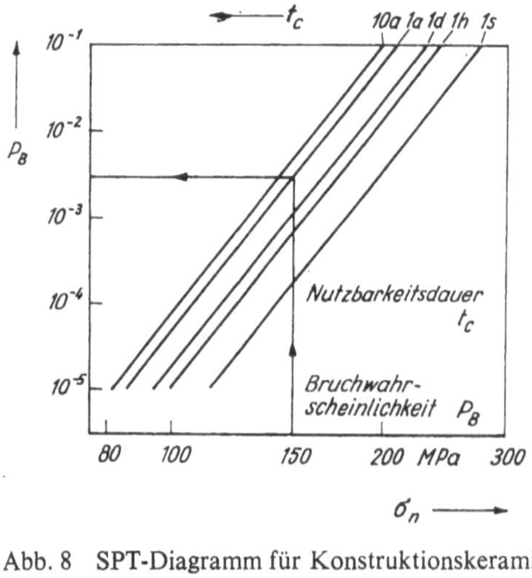

Abb. 8 SPT-Diagramm für Konstruktionskeramik

und kleinen Verzerrungen ist die Berechnung auch komplizierter Bauteile heute mit den numerischen Methoden kaum ein Problem. Die durch die Festkörpermechanik bereitgestellten Verfahren und Programme müssen aber auch in der Praxis angewendet werden! Geometrisch und physikalisch nichtlineare Probleme, stark inhomogene und anisotrope Beanspruchungen sind noch nicht befriedigend zu beurteilen. Diese Untersuchungen bedürfen auch eines Ausbaus der Werkstoffprüftechnik, die sich im Zusammenarbeit mit Berechnungsingenieuren auf bauteilähnliche Prüfmethoden einstellen sollte. Der Begriff „Werkstoffmechanik" hat dabei volle Berechtigung. Durch die Bruchmechanik sind diese beiden Wissenschaftsdisziplinen bereits enger zusammengerückt, und durch die z.Z. zu erstellende Prognose „Mikromechanik" wird es auch in Richtung „Festkörperphysik" eine vertiefte Zusammenarbeit geben.

Die Beurteilung der Zuverlässigkeit tragender Konstruktionen wird durch die ständig steigenden Leistungsparameter und das dadurch in den Anlagen gespeicherte Gefährdungspotential immer komplizierter und verlangt verantwortungsvolle Risikobereitschaft. Durch Grundlagenforschungen sind Erkenntnisse akkumuliert und durch Leistungsverträge in verschiedene Bereiche der Industrie überführt worden. Um Breitenwirksamkeit zu erreichen, muß aber zwingend auf ständige Weiterbildung orientiert werden, und auch im Ausbildungsprozeß der Studenten muß den zunehmend komplexen Anforderungen Rechnung getragen werden!

Es gibt also auch in Zukunft noch hinreichend viele Probleme und Aufgaben, und wir werden in der Klasse Werkstoffwissenschaft weiterhin über interessante Beiträge diskutieren können.

Horst Blumenauer

Prognose Konstruktionswerkstoffe 1973 — Schlüsseltechnologie „Neue Werkstoffe" 1988

Hochverehrter Werner Lange! Sehr geehrter Herr Generalsekretär!
Meine Damen und Herren!

Die Wahl dieses Beitrags zum heutigen Festkolloquium bedarf einer kurzen Erläuterung. Obwohl ich unseren Jubilar bereits während meiner Studenten- und Assistentenzeit bei Ernst Schiebold Ende der 50er Jahre kennengelernt hatte, führte erst die Einbeziehung in den erweiterten Kreis der von ihm geleiteten zeitweiligen Arbeitsgruppe zur Ausarbeitung der Prognose „Konstruktionswerkstoffe" im Jahre 1973 zu einem engeren Kontakt. Seitdem aber haben sich die wissenschaftlichen — und ich darf hinzufügen auch die persönlichen — Beziehungen zu Werner Lange in einer solchen Weise vertieft, daß ich mich gern in die große Schar seiner Schüler einreihen möchte. Weil dieser Zeitraum von 1973 bis heute für mich so bedeutungsvoll ist, habe ich schon des öfteren darüber nachgedacht, was unsere damalige Arbeit eigentlich für Spuren hinterlassen hat, wie die Ergebnisse der bis 1990 reichenden Prognose am derzeitigen Stand der Entwicklung, den wir ja allzu häufig mit dem Etikett einer Schlüsseltechnologie „Neue Werkstoffe" versehen, zu messen ist, und — nicht zuletzt — welche Schlußfolgerungen wir für die zukünftige Arbeit daraus ableiten sollten.

Lassen Sie mich zunächst nochmals zum Ausgangspunkt zurückkehren. Durch einen Beschluß des Ministerrates der DDR vom 18. 10. 72 wurde der Prognoseauftrag „Entwicklung und Einsatz von Konstruktionswerkstoffen" ausgelöst, der mit dem Zeithorizont 1990 eine Einschätzung der Entwicklung

- der Anforderungen an die Konstruktionswerkstoffe (insbesondere für Maschinenbau, Verkehrsmittel, Konsumgüter);
- der Eigenschaften der metallischen und nichtmetallischen Hauptkonstruktionswerkstoffe;
- von neuartigen Konstruktionswerkstoffen;
- der Verfahren zur Herstellung und Verarbeitung von Konstruktionswerkstoffen;
- von Möglichkeiten zur Senkung des spezifischen Werkstoffverbrauchs

zum Gegenstand hatte.

Zur erfolgreichen Lösung dieser überaus komplexen Aufgabe mußten nicht nur neue Wege der interdisziplinären Arbeit beschritten werden, es war auch eine weitsichtige und die Gesamtproblematik überschauende Leitung erforderlich. Diesen Anforderungen aber wurde Werner Lange, der bereits 1967 die Ausarbeitung einer

Prognose „metallische Werkstoffe“ initiiert und geleitet hatte, in hervorragender Weise gerecht.

In den Jahren 1973 und 1974 wurden – ausgehend von den volkswirtschaftlichen Bedürfnissen – tiefgründige quantitative und qualitative Analysen und Trendeinschätzungen erarbeitet, sowohl werkstoffbezogen für die Hauptwerkstoffe Stahl, Eisengußwerkstoffe, Aluminium, Plaste, Glas und Holz, als auch nach den wichtigsten Einsatzgebieten. Einbezogen wurden dabei angrenzende Gebiete wie Werkstoffprüfung, werkstoffgerechte Gestaltung, Berechnung und Dimensionierung sowie ökonomische Betrachtungen und Aufwandsvergleiche. Ausgeklammert wurden die silikatischen Baustoffe und keramischen Werkstoffe, aus heutiger Sicht eine anfechtbare Entscheidung.

Schwerpunkt der Prognose sollten nicht die mengenmäßige Entwicklung des Werkstoffeinsatzes, sondern die qualitativen Anforderungen an die Konstruktionswerkstoffe der kommenden 15 bis 20 Jahre sein. Zunächst aber doch ein Beispiel für den erstgenannten Aspekt. Tabelle 1 enthält einige ausgewählte Zahlen zur Entwicklung des

Tabelle 1 Entwicklung des Stahlverbrauchs in der DDR (Auswahl)

		Ist 1975	Prognose 1990	Ist 1987[1]	Einschätzung 1990...1995[1]
Walzstahl	kt	6460	10100	5884	5900...6000 kt/a
Anteil HSB	kt	430...470	680...960	450	550...630 kt/a
(ohne Betonstahl)	%	6,7...7,3	6,7...9,5	7,6	9,3...10,5
Anteil korrosionsbeständige Stähle	kt	44,9	56,6	70	
pulvermetallurgisch hergestellter Schnellstahl	t	10	1500	Großproduktion noch in Vorbereitung	

[1] Angaben von Dr. Kulke, Stahlberatungsstelle Freiberg

Stahlverbrauchs. Obwohl in der Prognose der mit dem Übergang von der extensiv zur intensiv erweiterten Produktionsweise verbundene Rückgang im Walzstahlverbrauch schon angedeutet wurde, hat sich dies in der quantitativen Trendeinschätzung noch nicht niedergeschlagen. Beginnend mit 1979 kam es zu einer Reduzierung im absoluten Walzstahlverbrauch von jährlich 1 bis 2%, wobei allerdings die seit 1984 zu beobachtende Abflachung dieser Tendenz (1986 Anstieg um 0,37%, 1987 Verringerung um 0,22%) nicht verschwiegen werden darf. Deshalb wird auch eingeschätzt, daß unter der Voraussetzung einer gleichbleibenden Struktur der verarbeitenden Industrie der Walzstahlverbrauch in den kommenden Jahren die Gesamtmenge von 5,9 Mio t nicht unterschreiten wird.

Der Verbrauch an höherfesten schweißbaren Baustählen stagniert entgegen der

Prognose bei 450 kt/a, ein im internationalen Maßstab wenig befriedigender Stand. Mit den von der Prognose geforderten und in der Zwischenzeit weitgehend realisierten Verbesserungen in der Herstellungstechnologie (Konverterstahlerzeugung, Pfannenmetallurgie, Walzstraße Ilsenburg), aber auch durch die umfangreichen Forschungsarbeiten an der Bergakademie Freiberg und dem Zentralinstitut für Festkörperphysik und Werkstofforschung der AdW der DDR in Dresden wurden wichtige Voraussetzungen für eine Einsatzerweiterung geschaffen. Ein entscheidender Durchbruch kann aber erst dann erreicht werden, wenn durch umfassende Nutzung der Verfahren zur mechanischen und schweißtechnischen Nachbearbeitung von Schweißnähten die Dauerschwingfestigkeit von Schweißverbindungen erhöht und die höhere Tragfähigkeit der HSB in veränderten Berechnungs- bzw. Werkstoffauswahlvorschriften berücksichtigt wird.

Bei den korrosionsbeständigen Stählen war die Vorhersage realistischer; 1987 betrug der Anteil etwa 1,2% am Walzstahlverbrauch. Als ein Beispiel für die Schwierigkeiten bei der Einsatzprognose eines neuen Werkstoffs wurden die Angaben zum pulvermetallurgisch hergestellten Schnellstahl ausgewählt. Die in der Prognose durch den zuständigen Industriebereich gegebene Begründung lautet:

„Am Ende des Prognosezeitraums wird der pulvermetallurgische Schnellstahl auf Grund seines günstigen Verschleißfestigkeits-Zähigkeits-Verhältnisses und der bei höherem Hartstoffanteil sich sicher günstiger entwickelten Preis-Leistungsrelation einen Durchbruch in der Anwendung erzielt haben. Es wird eingeschätzt, daß der Sinterschnellstahl bis 1985 in etwa 25% des derzeit aus Schnellstahl hergestellten Werkzeugsortiments eingesetzt wird.“

Während in den zurückliegenden 15 Jahren der gesinterte Schnellarbeitsstahl international zur Produktionsreife geführt wurde, laufen gegenwärtig in der DDR Untersuchungen zur Pulverherstellung im VEB Eisen- und Hüttenwerke Thale sowie zum Verpressen von aus der UdSSR importierten Pulvern im Edelstahlwerk Freital.

In der Prognose wurde die Anfang der 70er Jahre noch weitgehend vorherrschende Euphorie hinsichtlich einer breiten Werkstoffsubstitution durch Polymerwerkstoffe kritisch bewertet, und wir finden dazu den bemerkenswerten Satz „Die Wegwerfideologie ist als Leitprinzip für den Werkstoffeinsatz grundsätzlich abzulehnen“. Auch die prinzipielle Feststellung, daß der Einsatz neuer Werkstoffe einer langfristigen Vorbereitung bedarf und man bei der Übernahme von Werkstoffentwicklungen aus dem NSW die Motive für deren Einsatz kritisch prüfen sollte, ist nach wie vor aktuell.

Aber lassen Sie mich jetzt etwas mehr zu den qualitativen Einschätzungen und Denkanstößen der Prognose sagen. Folgende Schwerpunkte wurden besonders intensiv untersucht:

— *komplexe Eigenschaftsverbesserung durch Oberflächenveredlung*

Die hierzu getroffenen Aussagen haben sich weitgehend als richtig erwiesen, wobei allerdings\ die in der Prognose noch kaum beachteten physikalichen Verfahren, insbesondere die Laser- und Elektronenstrahltechnologie, zunehmend an Bedeutung gewinnen.

— *Verbundwerkstoffe und Verbundkonstruktionen*

In der DDR wurde erst in den letzten Jahren begonnen, die Grundlagen- und Applikationsforschung auf dem Gebiet der Verbundwerkstoffe der internationalen Entwicklung anzupassen. Um eine rasche Überführung dieser Forschungsergebnisse in die Produktion zu sichern, sollte unbedingt folgende Bemerkung Beachtung finden:

„Es wird eingeschätzt, daß die Anwendung des Verbundprinzips, insbesondere bei der Konstruktion sowie im Zusammenhang mit der Fügetechnik, weiterhin an Bedeutung gewinnen wird. Es wird notwendig sein, diese Tatsache in den Konstruktionsbüros, bei der Entwicklung von Technologien sowie in der Aus- und Weiterbildung vor allem der Konstrukteure zu beachten."

— *Einengung werkstoffbedingter Eigenschaftsschwankungen*

Diese Forderung hat sich nicht nur im Hinblick auf die erhöhte Zuverlässigkeit bei der Bauteildimensionierung, sondern vor allem auch für die automatisierte bedienarme Fertigung als notwendig erwiesen.

— *wiederverwendbare Werkstoffe*

Vor 15 Jahren war die Feststellung „Aus den Forderungen der Gewährleistung des Umweltschutzes werden sich im zunehmenden Maße Forderungen insbesondere an die Wiederverwendbarkeit der Konstruktionswerkstoffe ergeben", noch keineswegs so selbstverständlich, wie sie uns heute erscheinen mag.

— *vollständige Eigenschaftscharakterisierung einschließlich der Werkstoffschädigungen*

Zu den in der Prognose herausgearbeiteten und durch konkrete Zielstellungen untersetzten wichtigen Arbeitsrichtungen

- Prüfverfahren für komplexe Beanspruchungen bzw. zur Ermittlung der Lebensdauer unter Betriebsbedingungen (Sprödbruch, Thermoschock, Betriebsfestigkeit, Umformbarkeit);
- Quantitative Bestimmung der Bruchsicherheit und Lebensdauer durch Methoden der Bruchmechanik;
- Entwicklung der quantitativen zerstörungsfreien Fehlerprüfung im Zusammenhang mit der Bruchmechanik;
- zerstörungsfreie Ermittlung von Eigenspannungen;
- Entwicklung von Prüfverfahren im Zusammenhang mit der Entwicklung neuer Werkstoffe;
- Anpassung der Werkstoffprüfung an den technologischen Prozeß

wurde in den zurückliegenden Jahren viel Arbeit geleistet und manches in positiver Hinsicht verändert. Auf einen Aspekt sei besonders hingewiesen, nämlich die durch die Prognosearbeit initiierte enge Zusammenarbeit auf dem Gebiet der Werkstoff- und Bruchmechanik zwischen den drei Hauptforschungsrichtungen Festkörpermechanik, Mechanische Eigenschaften fester Körper und Werkstoffprüfung.

Die kritische Aussage der Prognose „Auf den in der DDR bestehenden Rückstand auf dem Gebiet der Werkstoffprüfung ist in letzter Zeit mehrfach hingewiesen worden. Bedingt durch die ungenügend entwickelte bzw. veraltete Prüftechnik ist in den kommenden Jahren mit ernsten Schwierigkeiten bei der Gewährleistung der Qualität der Erzeugnisse zu rechnen" hat zwar nicht zu einer spürbaren Steigerung der Eigenproduktion hochwertiger Prüftechnik geführt, sie konnte aber zumindest in Schwerpunktbereichen der Volkswirtschaft (Kohle- und Kernkraftwerke) durch die in einem nicht unerheblichen Umfang getätigten Importe moderner rechnergestützter Prüfsysteme entschärft worden. Es bedarf jedoch großer Anstrengungen, um mit der internationalen Entwicklung, die durch große, z.T. überstaatliche Forschungsprojekte vorangetrieben wird, schrittzuhalten.

In verschiedenen Prognoseteilen, hauptsächlich aber in den aus der Prognose abgeleiteten Vorschlägen för Forschung und Entwicklung wurde die Notwendigkeit einer verstärkten werkstoffwissenschaftlichen Grundlagenforschung hervorgehoben. Allerdings gab es dabei auch Wertungen, die von der rasanten Entwicklung der Werkstoffwissenschaft inzwischen überholt worden sind, wie „Die Aufklärung der Vorgänge im atomaren Bereich, z.B. das Verhalten der Versetzungen, wird nur im begrenzten Umfang technisch nutzbare Aussagen ergeben und die gezielte Entwicklung der als günstig erkannten Strukturen wird weiterhin vorwiegend empirisch betrieben werden müssen."

Wenn man dieser Aussage den Vortrag von W. Pompe im Plenum der AdW im September 1987 über das mikrostrukturelle Konstruieren gegenüberstellt, wird der sich auf diesem Gebiet vollziehende Wandel deutlich sichtbar. Im November 1987 wurde in der Diskussionsveranstaltung der Klasse Werkstoffwissenschaft zur Schlüsseltechnologie „Neue Werkstoffe" herausgearbeitet, daß der „Schlüssel" zu neuen Werkstoffen mit wesentlich verbesserten Gebrauchswerten in der werkstoffübergreifenden erkundenden Grundlagenforschung zu finden ist. Einige der dabei verstärkt zu beachtenden Arbeitsrichtungen sind

- mathematische Modellierung von Werkstoffeigenschaften, enge Verbindung numerischer und experimenteller Methoden zur Werkstoffcharakterisierung (Werkstoffmechanik);
- Konstitutionsforschung und Phasenumwandlungen fern vom Gleichgewicht in Massivwerkstoffen und Randschichten;
- Grenzflächenphänomene;
- Schädigungsmechanismen bei komplexer Beanspruchung; konstitutive Gleichungen für Schädigungsprozesse (Schädigungsmechanik);
- mikrostrukturelles Konstruieren auf mikroskopischen und submikroskopischen Niveaustufen; Nutzung quantenmechanischer Effekte zur Eigenschaftsoptimierung;
- Weiterentwicklung der hochauflösenden Werkstoff- und Oberflächendiagnostik.

Neuen interdisziplinären Arbeitsrichtungen, wie z.B. die im Grenzbereich von Kontinuumsmechanik und Werkstoffwissenschaft entstehende Werkstoff- und Schädigungsmechanik, muß unsere besondere Aufmerksamkeit gelten.

Die wissenschaftsorganisatorischen Voraussetzungen dafür sind durchaus gegeben.

Seit drei Jahren werden in der komplexen Aufgabe „Werkstoffe“ die zur Entwicklung und für den Einsatz neuer Werkstoffe zur Verfügung stehenden Forschungskapazitäten der Akademie der Wissenschaften bzw. der Universitäten und Hochschulen unseres Landes auf 11 Schwerpunktkomplexe konzentriert. Mit dem von Werner Lange initiierten und in diesem Jahr bereits zum 4. Mal durchgeführten gemeinsamen Kolloquium der Klasse Werkstoffwissenschaft und der Komplexen Forschungsaufgabe ‚Werkstoffe‘ wird Einfluß auf die inhaltliche Zielstellung der Forschungsprojekte und die weitere Herausarbeitung besonders zu fördernder Gebiete genommen.

Lassen Sie mich noch auf einen Aspekt eingehen, der mir als Hochschullehrer und Leiter einer Fachrichtung Werkstofftechnik besonders am Herzen liegt – die Aus- und Weiterbildung von Werkstoffingenieuren. Nach mehrjähriger Vorbereitung durch den Wissenschaftlichen Beirat „Werkstoffingenieurwesen“ – hier darf ich an die aktive Mitwirkung unseres Jubilars an der wissenschaftlich-methodischen Konferenz in Freiberg 1982 erinnern – wurde zum 1. 9. 87 durch den Minister für das Hoch- und Fachschulwesen der Studienplan für die Grundstudienrichtung „Werkstoffingenieurwesen“ bestätigt und in Kraft gesetzt. Ein Vergleich der neuen Fachrichtungsnomenklatur mit der 1973 erhobenen Forderung:

„Folgende Fachrichtungen erscheinen aus der Sicht der Entwicklung und des Einsatzes der Konstruktionswerkstoffe notwendig

– Werkstoffentwicklung, spezialisiert für die Hauptwerkstoffe;
– Werkstofformgebung der werkstofferzeugenden Industrie;
– Werkstoffformgebung und Werkstoffbehandlung der verarbeitenden Industrie;
– Werkstoffeinsatz, spezialisiert für die Hauptwerkstoffe.“

macht deutlich, daß auch für den langfristigen Bildungsvorlauf tragfähige Impulse ausgelöst wurden.

Mit den neuen Studienrichtungen wird für die 90er Jahre eine effektive und den differenzierten Anforderungen der Volkswirtschaft entsprechende Ausbildung gewährleistet. Und natürlich ist es mir besonders angenehm, auf eine Aussage der Prognose zu verweisen, die inzwischen keine Gültigkeit mehr hat, nämlich daß die Betriebe nur zögernd bereit sind, die an den Hochschulen ausgebildeten Werkstoffingenieure einzusetzen.

Abschließend kann festgestellt werden:

Unabhängig davon, ob man heute von Zukunfts-, Schlüssel- oder Hochtechnologien spricht, bei der Aufzählung ihrer Bestandteile nimmt der Einsatz von Werkstoffen mit neuartigem Eigenschaftsprofil einen wichtigen Platz ein. Aus dieser besonderen Bedeutung der Werkstoffe für die technische und gesellschaftliche Entwicklung erwachsen auch der Klasse Werkstoffwissenschaft unserer Akademie ständig neue anspruchsvolle Aufgaben. Die Mitglieder dieser Klasse sind bereit, mit ihren spezifischen Möglichkeiten an diesen Aufgaben mitzuwirken. Dabei aber brauchen wir – lieber Werner Lange – noch für lange Zeit Ihre aktive Mitwirkung, und deshalb wünsche ich Ihnen nochmals im Namen aller Klassenmitglieder gute Gesundheit, Schaffenskraft und eben das besondere Vergnügen, das nur die wissenschatliche Arbeit bereiten kann.

Werner Lange

Schlußwort

Liebe Freunde! Liebe Genossen!

Ich stehe jetzt vor der sicher nicht ganz einfachen Aufgabe, auf das Gesagte zu antworten. Zunächst möchte ich mich recht herzlich bedanken für die Durchführung dieser Veranstaltung, die zwar nicht ganz hinter meinem Rücken, aber doch weitgehend ohne mich vorbereitet wurde und deren Programm für mich eine Bestätigung ist für die Entwicklung, die sich in den letzten Jahren Dank unserer gemeinsamen Bemühungen in der Klassenarbeit vollzogen hat. Dank auch an Sie alle, die Sie hierher gekommen sind und damit ausdrücken, daß das, was heute über mich gesagt wurde, bis zu einem gewissen Grade stimmt.

Lassen Sie mich mit Bemerkungen zu den Vorträgen beginnen. Die Programmgestaltung zeigt, daß sich die Klasse zu einem Gremium entwickelt hat, in dem die Werkstoffwissenschaft in ihrer ganzen Vielfalt beheimatet ist. Ich möchte daher allen, die mitgearbeitet haben, dafür danken, daß sie zu dieser Entwicklung beigetragen haben, die ja nicht das Werk eines Einzelnen sein konnte.

Den Autor des ersten Beitrages, Siegfried Ziegenbalg, kenne ich am längsten. Es war eine Zeit intensiver Zusammenarbeit und engen persönlichen Kontaktes. Als seinerzeit bei den Bemühungen, für die Metallurgie der NE-Metalle eine bessere wissenschaftliche Grundlage zu schaffen, von Prof. Schwabe der Vorschlag kam, solche Aufgaben seinem Mitarbeiter Ziegenbalg zu übertragen, war ich voller Hoffnung, daß neue Wege in die NE-Metallurgie eingebracht würden. Und ich kann mit Genugtuung feststellen, und der Vortrag hat es bestätigt, daß diese Hoffnungen voll erfüllt wurden. Und einen Gedanken möchte ich noch hinzufügen. Das ist der Hinweis auf die unbedingte Zuverlässigkeit, die bei Dir, lieber Siegfried, aber auch bei den vielen Mitarbeitern des Forschungsinstitutes für Nichteisenmetalle, die zu meiner großen Freude hier mit vertreten sind, zu Hause ist. Ich war bei meiner Arbeit viel unterwegs, auch auf Grund meiner Begeisterung für die Entwicklung der internationalen Zusammenarbeit mit den Ländern des RGW. Ich habe das immer tun können, ohne Bedenken zu haben, daß im Institut etwas nicht laufen würde. Das Gefühl, daß die Aufgaben in aller Selbständigkeit und mit Umsicht durchgeführt würden, war eine wertvolle Grundlage für die Erledigung der vielen eigenen Aufgaben.

Nun ein Wort zum Vortrag von Johannes Barthel. Ihm verdanken wir, daß die heute bereits erwähnte, gemeinsam angestrebte Zusammenarbeit zwischen der Klasse Werkstoffwissenschaft und den Verantwortlichen der Komplexen Forschungsaufgabe

Werkstoffe gut und sinnvoll läuft, und daß sie sich in bezug auf ihr Niveau und ihre Effektivität weiterentwickelt. Dafür Dank, lieber Joahnnes Barthel, und die Feststellung, daß die in der Laudatio hervorgehobene komplexe Betrachtung der Probleme vom Rohstoff bis zum Endprodukt auch in dieser Arbeit beachtet wurde.

Beim nächsten Vortrag wurde ich an meine erste Studienzeit erinnert, in der ich mich mit Mechanik befassen mußte und dies mit innerer Anteilnahme getan habe. Aber was hat sich in der Zwischenzeit getan! Und Du, lieber Hans Göldner, hast das neue Wissen in unsere Konzeption von der Werkstoffwissenschaft eingebracht, und das mit überzeugenden Argumenten. Ich entsinne mich noch, wie Du uns, und das mit ernster Stimme, gesagt hast: „Wir müssen mit den Rissen leben". Da wurde durch meine Reaktion für mich die auch in der Laudatio getroffene Aussage bestätigt, daß ich das Staunen nicht verlernt habe. Dann hat mich diese Feststellung aber doch beruhigt, denn wie sollten wir die so rißfreie Werkstoffwelt schaffen. Und Deine bei einer anderen Gelegenheit vorgebrachte Bemerkung: „Wenn ein Konstrukteur die Schweißnaht an die Stelle der höchsten Beanspruchung legt, hat er das Ausbildungsziel nicht erreicht!" hat die vorhandene Nähe von Theorie und Praxis unterstrichen, die der Technik erst den vollen Erfolg sichert.

Und nun zu Deinem Vortrag, lieber Horst Blumenauer! Du hast ein Thema gewählt, das mich immer wieder gefesselt hat. Der Gedanke, daß man die Entwicklung der Gesellschaft bewußt gestalten kann, hat mich von Anfang an fasziniert. Und damit hängt auch meine Zustimmung zum Gedanken der Planung und die Befürwortung der langfristig angelegten konzeptionellen Arbeit zusammen. Die Bemühungen um die Gestaltung der Prognosearbeit und das damit verbundene Zusammenwirken von Dutzenden oder Hunderten von Wissenschaftlern und Ingenieuren, die auch innerlich an dieser Arbeit beteiligt waren, war doch ein erstaunliches Phänomen. Daß da einiges nicht so funktioniert hat, wie es gedacht war, daß dabei Fehler gemacht wurden, das liegt in der Natur der Sache. Die Probleme bleiben ja nicht so einfach wie in der Anfangszeit der Planung, da die dringendsten Bedürfnisse das Ziel vorgaben und die Kenntnis der Produktionszusammenhänge – wie mir meine ersten Bemühungen auf dem Gebiet der Planung gezeigt haben – schon Erfolge brachten. Langfristige Planung und konzeptionelle Arbeit stellen da schon andere Anforderungen, deren Erfüllung für das Gebiet der Konstruktionswerkstoffe Du, lieber Horst, mit Deinem Beitrag unter die Lupe genommen hast. Auch aus Deinen Ausführungen geht hervor, daß es generell notwendig ist, die Erarbeitung von Prognosen zu einer permanenten Arbeit zu machen, Man muß ja, wenn Fehleinschätzungen aufgetreten sind, korrigieren und darf nicht warten, bis Defekte auftreten oder die nächste, langfristig angelegte konzeptionelle Arbeit fällig wird. Und nicht zu unterschätzen ist, daß man ja lernen muß, welche Probleme mit einer Prognose einer Lösung zugeführt werden können, was sinnvollerweise langfristig vorzubereiten ist und was nicht, wobei – das sei noch eingefügt – der Begriff der Langfristigkeit recht unterschiedliche Dimensionen annehmen kann.

Nun zur Laudatio, für die ich Dir, lieber Genosse Claus Grote, herzlich danken möchte. Daß Du sie zum eigenen Anliegen gemacht hast, zeigt der Hinweis auf meine

Bemühungen um eine sinnvolle Nutzung des Computers. Ich möchte Dir und der Leitung der AdW erwidern, daß vor allem in bezug auf die Entwicklung der Klassenarbeit, die Akademie selbst zum Erfolg beigetragen hat. Sie hat die Entwicklung der Klasse möglich gemacht, die Diskussion zur Existenz der Klasse in positivem Sinne unterstützt, ihre Arbeitsfähigkeit ermöglicht und auch dort, wo wir etwas spezifischere Formen angewandt haben, dies akzeptiert. Der Gedankenaustausch, der in offener Form betrieben wurde, ist gewachsen auf dem Boden der Akademie.

Ich möchte aber bei der Darstellung der Wirkung der AdW noch weiter gehen und die Arbeit im Plenum als eine für mich – und aus Diskussionen weiß ich, auch für andere – nützliche Tätigkeit herausstellen. Die Einsichten, die man über das eigene Fachgebiet hinaus, sowohl in der Breite als auch der Tiefe gewinnen konnte, sind doch erstaunlich. Selbst wenn dem Nichtfachmann Grenzen im Verständnis gesetzt waren, irgendwie hat doch der eine oder andere Grundgedanke das eigene Bild ergänzt und dazu beigetragen, Zusammenhänge über das eigene Fachgebiet hinaus zu erkennen. Ich möchte das an einem Beispiel erläutern.

In einer philosophischen Frage gewidmeten Diskussion war gesagt und begründet worden – dies jetzt mit meinen eigenen Worten –: „Der Zufall ist eine gesetzmäßig wirkende Sache!" Das stand im Widerspruch zu einer der Planungsarbeit zu Grunde gelegten These, daß man wichtige Dinge nicht dem Zufall überlassen dürfe. Das Wort Zufall wird in beiden Fällen mit anderen Vorstellungen von seinem Inhalt verbunden.

Aber trotzdem, den Zufall als eine Quelle für das Entstehen neuer Ideen, für das Gewinnen neuer Erkenntnisse, generell als Beitrag zum Fortschritt zu akzeptieren, dies war ein Gedanke, der in der Praxis der planenden Gestaltung unserer Entwicklung kaum Eingang gefunden hatte. Er sollte aber, je komplizierter und je weniger zentral in allen Zusammenhängen überschaubar unser Dasein wird, immer mehr Beachtung finden. Die Diskussion hat mich damals sehr berührt und ich habe in den Vorstellungen zur Planung, wie wohl mancher andere auch, etwas umdenken müssen. Und dies müssen wir wohl auch heute noch. Die Art dessen, was im Plan festzulegen notwendig und zweckmäßig ist, wird sich weiter ändern. Sie war, objektiv bedingt, in den 60er und 70er Jahren anders als heute und die Beibehaltung des heute üblichen wird ohne weitere Veränderung die künftige Entwicklung hemmen. Aber was immer sinnvoll bleiben wird – und das kam in den Vorträgen auch zum Ausdruck – ist die Herausarbeitung der Zielstellung und die Abschätzung der Möglichkeiten ihrer Realisierung, und in diesem Zusammenhang sicher auch der Entwicklung der Arbeitsmöglichkeiten. Und hierzu würde ich – um dem Zufall eine Reverenz zu erweisen – auch Maßnahmen zur Erhöhung der Zufallswahrscheinlichkeit rechnen. Dazu gehört das gezielte Zusammenführen von bekanntem Wissen und Erfahrungen vor allem über die Grenzen der einzelnen Wissensgebiete hinweg, deren Verarbeitung zu neuen Ideen und neuen technischen Lösungen führen kann.

Die skizzierten Gedanken sollten auch helfen, ungeeignete oder hemmende Praktiken zu überwinden. Für die Grundlagenforschung ist meiner Meinung nach die Jahresplanung eine überholte Angelegenheit. Auch über den Sinn einer Planung der Patente nach Stückzahl sollte man nachdenken. Für derartige Überlegungen und das

Herausfinden der richtigen Methoden ist, auch das haben Plenarvorträge gezeigt, die Betrachtung der geschichtlichen Entwicklung von Nutzen. Man versteht dann besser, das Wesen und die Wirkung neuer Gedanken zu erfassen. Ich glaube, daß wir bei der Gestaltung der Arbeit der Klasse diese Gesichtspunkte mit berücksichtigt haben, um den Teilnehmern nicht nur eine interessante Fachstunde zu verschaffen, sondern auch die Kenntnis kombinationsreifen Wissens verschiedener Gebiete zu vermitteln.

Das Wirken des Zufalls kann man recht gut auch in der eigenen Entwicklung erkennen. Auf zwei solcher Ereignisse will ich kurz eingehen. Ich wollte zunächst Maschinenbau und anschließend Metallurgie studieren. Da mir das dann doch zu lange dauerte, habe ich den Umstieg schon nach der Vorprüfung vorgenommen. Immerhin hatte ich gründliche Kenntnisse der für die Maschinenbauer gelehrten Thermodynamik erworben. Nach dem Übergang zur Metallurgie erlebte ich, daß man ebenfalls von der Thermodynamik, hier der chemischen Thermodynamik sprach, aber kaum mit ihr arbeitete. Dies schien mir eine ungenutzte Möglichkeit und ich habe daher schon als Student begonnen, mich weiter damit zu beschäftigen und auch etwas Erstaunen erregt. So wurde die Grundlage für eine Arbeitsrichtung gelegt, die bis zur Dissertation führte und auch Teil meiner Arbeit während der ersten Lehrtätigkeit an der Bergakademie Freiberg wurde. Die Zustimmung zu einer Aufgabe in Berlin machte dieser, in dem oben diskutierten Sinne durch Zufall entstandenen, aber dann mit Intensität betriebenen Arbeitsrichtung ein Ende.

Das andere Beispiel für das Wirken des Zufalls ist die Arbeit auf dem Gebiet der Diffusion in Metallen. Es war die Fakultät für Kerntechnik an der TU Dresden gegründet worden, u.a. mit einem Institut für die Anwendung radioaktiver Isotope. Da bekannt war, daß ich mich mit der technischen Nutzung dieser neuen Arbeitsmöglichkeit befassen wollte, wurde mir die Leitung dieses Instituts übertragen, dessen Arbeitsmöglichkeiten selbstverständlich größer waren als meine ursprünglichen Vorstellungen. Aus der eigenen Arbeit wußte ich, daß die Kenntnis über die Kinetik der Vorgänge in Metallen noch mangelhaft war. Die Diffusion, vor allem die Selbstdiffusion, spielte dabei eine wesentliche Rolle. Und nun kamen zum Institut einsatzbereite, talentierte Physikabsolventen als Assistenten. Wir nutzten die Möglichkeit und konnten in relativ kurzer Zeit auf diesem Gebiet auch international etwas darstellen. Da schließlich die Zahl der übernommenen Aufgaben zu groß wurde, mußte ich das Arbeitspensum einschränken, und da blieb nur die Möglichkeit, zwischen Industrie- und Hochschulinstitut zu wählen. Ich habe mich für das Industrieinstitut entschieden und dies ohne psychischen Defekt getan, obwohl ich der Diffusionsarbeit doch etwas nachgetrauert habe.

Ich komme noch zu einem anderen Thema, daß vor kurzem im Plenum behandelt wurde und mich zum Nachdenken angeregt hat. Das war die Darstellung des Menschen — ich nehme den terminus technicus — als bio-psycho-soziale Einheit. Das bedeutet, und so habe ich es aufgefaßt, daß all die Dinge, die man erlebt und in sich aufnimmt, die man gestaltet, daß alle Wechselwirkungen mit der Umwelt sich in einem selbst widerspiegeln. Das bedeutet aber ebenso, daß wir bei der eigenen Arbeit, in der Arbeit für andere, in der Gestaltung der Technik usw. diese Einheit des Menschen sehen und beachten müssen, um in seinem Interesse hohe Wirksamkeit zu erreichen. Und auch das Verstehen dieser Zusammenhänge fordert, wechselseitig mehr Brücken zu schlagen zwischen all denen, die auf die Entwicklung dieser Einheit Mensch Einfluß haben. Das gilt für Naturwissenschaftler, Techniker, Ökonomen, Ökologen, Soziologen und andere. Die Einstellung des Menschen zu unserer technischen Welt wird davon abhängen, wie sie ihm nahe gebracht wird, wie er sie erlebt. Und sicher ist, daß auf diesem Gebiet aus ungenügender wechselseitiger Kenntnisnahme noch Defekte vorhanden sind, die es zu überwinden gilt. Wir müssen den Kontakt suchen und das Risiko von Verständnisschwierigkeiten auf uns nehmen. Verhängnisvoll wäre, sich schweigend zurückzuziehen. Also weniger Zurückhaltung und mehr Kampfbereitschaft, um die Entwicklung bei uns zu fördern. Ich glaube, daß ist unser aller Anliegen, daß auch unseren jungen Wissenschaftlern als Ziel vorschweben sollte.

Zum Abschluß noch einmal recht herzlichen Dank.

ISBN 3-05-500 527-9
ISSN 0138-3965

FSC
www.fsc.org
MIX
Papier | Fördert gute Waldnutzung
FSC® C083411

Kolibri 360 GmbH
Ferdinand-Jühlke-Straße 7
99095 Erfurt, Deutschland
produktsicherheit@kolibri360.de